ディジタル通信・放送の変復調技術

工学博士 生岩 量久 著

コロナ社

ま え が き

　通信・放送分野においては，アナログ伝送からディジタル伝送への移行が急速に進んでいる。携帯電話，コードレスなど通信分野のディジタル化の流れから放送分野でのディジタル化は当然予想されていたが，伝送に関してはこれまでディジタル化があまり進まず，アナログ方式が主流となっていた。

　これは，放送の場合，情報量が多い画像を高品質でディジタル伝送するためには広い帯域が要求されることと複雑な構成の受信機が必要となることが原因である。しかしながら，近年の帯域圧縮技術と LSI（large scale integration，大規模集積回路）技術の進展により，現在使用しているアナログ伝送帯域幅をそのまま利用してもディジタル伝送が可能となるとともに，受信機も低コスト化できるようになった。さらに，ディジタル変復調技術と LSI 技術の進展に伴い，地上放送における最大の課題であるマルチパスフェージングに強い OFDM（orthogonal frequency division multiplexing，直交周波数分割多重）変調技術の実用化が可能となったことも大きい。

　OFDM を用いた地上ディジタルテレビ放送は，2003 年から関東，近畿，中京地区で開始され，しだいにそのサービスエリアを広げつつあるが，このディジタル放送においては，最新のディジタル変復調技術が多く取り入れられている。

　本書では，ディジタル通信・放送システムの根幹をなすディジタル変復調技術について複雑な数式はなるべく使用せず，電子情報通信系学部生・初心者でもその本質を十分理解できるようわかりやすく解説している。また，基本的な通信方式であるシングルキャリヤ変調方式とマルチキャリヤの OFDM を同時に取り扱っている点も大きな特徴といえる。

　ページ配分としては，まずベースバンドにおけるディジタル伝送を説明した

後，シングルキャリヤを用いた基本的な変調方式を述べる。つぎに，複雑な多重方式であるOFDMについてふれた後，その応用としてOFDMを用いた地上ディジタルテレビ放送について変復調・伝送面を中心に説明する。最後に地上ディジタルテレビ放送における技術的な課題とそれを解決するための新技術についてOFDMに関連する事項を中心に紹介する。

　なお，本書の執筆にあたっては，NHK放送技術研究所の斉藤知弘 氏，高田政幸 氏，土田健一 氏，(株)東芝の三木信之 氏，アンリツ(株)の後藤剛秀 氏，松下電器産業(株)の影山定司 氏，広島市立大学情報科学部の神尾武司 氏，安　昌俊 氏，藤坂尚登 氏をはじめ，多くの方々からご協力をいただいた。この場を借りて厚く御礼申し上げる。終わりにコロナ社の方々のご尽力に謝意を表する次第である。

2008年2月

著　　者

目　　　次

1. ディジタル伝送の基礎

1.1　ディジタル伝送の基本構成 ……………………………………………………… 2
1.2　ベースバンドディジタル信号の種類 …………………………………………… 3
1.3　ベースバンド伝送における符号間干渉と誤り率 ……………………………… 4
1.4　伝送路の雑音特性と誤り率 ……………………………………………………… 6
　1.4.1　雑　音　特　性 ……………………………………………………………… 6
　1.4.2　雑音による誤りの発生 ……………………………………………………… 7
1.5　無ひずみ伝送条件 ………………………………………………………………… 8
1.6　シンボルレートおよびビットレートと帯域幅の関係 ………………………… 11
演　習　問　題 ………………………………………………………………………… 11

2. ディジタル変復調の基本方式

2.1　ディジタル変調方式 ……………………………………………………………… 12
　2.1.1　ASK 変調方式 ……………………………………………………………… 14
　2.1.2　PSK 変調方式 ……………………………………………………………… 16
　2.1.3　信号間距離を同じにするための信号電力比較 …………………………… 30
　2.1.4　変調波伝送に必要な帯域幅 ………………………………………………… 31
　2.1.5　PSK 信号を帯域制限したときに生じる非線形ひずみ ………………… 32
2.2　ディジタル復調方式 ……………………………………………………………… 33
　2.2.1　同期検波方式 ………………………………………………………………… 33
　2.2.2　差動符号化と差動検波 ……………………………………………………… 37

2.3 PSKおよびQAM変調方式の誤り率特性 ………………………………… 40
   2.3.1 誤り率の係数 k_1 の算出 ……………………………………………… 41
   2.3.2 誤り率の係数 k_2 および誤り率の算出 …………………………… 42
2.4 CNRとSNRおよび E_b/N_0 との関係 ……………………………………… 44
   2.4.1 CNR と SNR …………………………………………………………… 44
   2.4.2 CNR と E_b/N_0 および周波数利用効率の関係 ………………… 44
   2.4.3 CNR と E_b/N_0 の使い分け ………………………………………… 46
2.5 その他の変調方式 ………………………………………………………………… 47
   2.5.1 VSB 方 式 ……………………………………………………………… 47
   2.5.2 OQPSK ………………………………………………………………… 50
   2.5.3 π/4シフト QPSK ……………………………………………………… 52
   2.5.4 FSK・MSK 系変調方式 ……………………………………………… 53
2.6 周波数利用効率と振幅変化の面から見た各変調方式の評価 ………… 57
2.7 誤り訂正符号 ……………………………………………………………………… 58
   2.7.1 ブロック符号 …………………………………………………………… 59
   2.7.2 畳込み符号 ……………………………………………………………… 60
2.8 符号化変調方式 …………………………………………………………………… 63
演 習 問 題 ……………………………………………………………………………… 64

3. OFDM 変復調方式

3.1 OFDM 変調の歴史と特徴 ……………………………………………………… 65
3.2 OFDM 信号波形 …………………………………………………………………… 67
3.3 OFDM の直交性 …………………………………………………………………… 69
3.4 OFDM 変復調器の基本構成 …………………………………………………… 70
3.5 OFDM 信号の式表示と伝送 …………………………………………………… 74
   3.5.1 基 本 式 ………………………………………………………………… 74
   3.5.2 複素 OFDM 信号の伝送と復調 …………………………………… 76
   3.5.3 周波数変換の具体例 ………………………………………………… 78
   3.5.4 OFDM と差動検波 …………………………………………………… 79

目次

- 3.6 マルチパス干渉による信号劣化とガードインターバル …………… 79
  - 3.6.1 マルチパスによる信号劣化 ………………………………… 79
  - 3.6.2 ガードインターバルの付加 ………………………………… 81
- 3.7 マルチパス干渉および周波数ずれによる信号劣化と波形等化 …… 84
  - 3.7.1 波形等化の必要性 ……………………………………………… 84
  - 3.7.2 マルチパスによる信号劣化と等化 …………………………… 85
  - 3.7.3 周波数ずれによる信号劣化と等化 …………………………… 89
- 3.8 符号化とインタリーブ ……………………………………………… 93
  - 3.8.1 時間インタリーブ ……………………………………………… 93
  - 3.8.2 周波数インタリーブ …………………………………………… 94
- 3.9 OFDM波の同期技術 ………………………………………………… 95
  - 3.9.1 シンボル同期 …………………………………………………… 96
  - 3.9.2 キャリヤ周波数同期 …………………………………………… 97
- 3.10 OFDM波増幅時の課題 …………………………………………… 97
  - 3.10.1 非直線ひずみがOFDM波に与える影響 …………………… 97
  - 3.10.2 直線性がよい電力増幅器が必要な理由 …………………… 100
- 演 習 問 題 ……………………………………………………………… 101

4. OFDMを用いた地上ディジタルテレビ放送の変復調技術

- 4.1 地上ディジタル放送システムの概要 ……………………………… 103
  - 4.1.1 地上ディジタル放送のキーテクノロジー …………………… 103
  - 4.1.2 日本,ヨーロッパおよびアメリカの放送方式比較 ………… 107
  - 4.1.3 日本の地上ディジタルテレビ放送方式の特長 ……………… 109
  - 4.1.4 アナログ放送とディジタル放送の比較 ……………………… 109
  - 4.1.5 伝送パラメータ ………………………………………………… 112
  - 4.1.6 実際の運用モード ……………………………………………… 115
- 4.2 地上ディジタル放送の変復調技術 ………………………………… 117
  - 4.2.1 送受信システムの系統 ………………………………………… 117
  - 4.2.2 携帯受信端末の系統 …………………………………………… 122

4.2.3　地上ディジタル放送の伝送速度（ビットレート）……………… 123
　　4.2.4　SFN ……………………………………………………………… 124
　　4.2.5　OFDM 波の復調技術 …………………………………………… 128
4.3　地上ディジタル放送の伝送特性………………………………………… 134
　　4.3.1　復調器における所要 CNR ……………………………………… 134
　　4.3.2　キャリヤ周波数の許容偏差……………………………………… 135
　　4.3.3　OFDM キャリヤ周波数の測定 ………………………………… 136
　　4.3.4　OFDM 波の伝送と干渉・混信妨害 …………………………… 137
　　4.3.5　所要電界強度を求めるための回線設計………………………… 140
演　習　問　題 ………………………………………………………………… 144

5. 地上ディジタル放送における OFDM 波の伝送および受信と監視のための新技術

5.1　SFN ネットワーク実現のための技術 ………………………………… 145
　　5.1.1　回り込み波キャンセラ…………………………………………… 145
　　5.1.2　光変調器を用いた送受分離中継局用信号伝送システム……… 146
　　5.1.3　SFN 環境下における長距離遅延プロファイル測定装置 …… 152
5.2　OFDM 波の増幅技術 …………………………………………………… 157
　　5.2.1　ディジタルプリディストーション方式 MCPA ……………… 157
　　5.2.2　GaN-HEMT を用いた PA ……………………………………… 161
　　5.2.3　番組伝送用マイクロ波帯高効率電力増幅器…………………… 162
5.3　OFDM 波の監視技術 …………………………………………………… 164
　　5.3.1　MER を用いた監視技術 ………………………………………… 164
　　5.3.2　放送中に BER 測定が可能な監視装置 ………………………… 170
5.4　OFDM 波を多段伝送したときの課題と対策 ………………………… 177
5.5　OFDM 波の海上移動受信 ……………………………………………… 179
　　5.5.1　海面反射波による影響 …………………………………………… 180
　　5.5.2　ガードインターバル超えのマルチパスの影響………………… 181
　　5.5.3　客室内における複数波再送信による干渉……………………… 182
　　5.5.4　再送信波の受信アンテナへの回り込みによる発振寸前の現象 ……… 183

5.6　まとめおよび今後の展開………………………………… *184*

引用・参考文献 ………………………………… *185*

演習問題解答 ………………………………… *189*

索　　　引 ………………………………… *192*

1 ディジタル伝送の基礎

　ディジタル伝送は，アナログ伝送に比べてさまざまな特徴をもっている。おもなものをまとめて以下に示す。

① 信号が2値（0, 1）のディジタル符号（bit[†]）であるため，雑音や妨害に強い。また，**IC**（integrated circuit，集積回路）化が容易で低コスト化・小形化・安定化が図れる。

② 信号波形を忠実に送る必要はなく，サンプル点で誤りを発生させるほどの干渉がなければ復号が可能である。

③ 伝送路で誤りが発生しても，検出・訂正が可能である。また，誤り率で伝送品質・性能を評価できる（アナログ信号，特に映像や音声では人間による主観評価が必要）。

④ 映像・音声をはじめ，どのような信号でも，"0"，"1"の符号に変換されるため，さまざまな情報・サービスを多重して一つの伝送路で送ることができる。

一方

⑤ 広い帯域を必要とし，情報の圧縮（ビット削減）が不可欠である。

⑥ 送受間で通常，同期をとる必要がある。

⑦ 信号の劣化状況がある範囲内であれば原信号とまったく同じ品質が得られるが，誤り訂正が不可能となった時点で急激に受信が不可能となる。

⑧ 圧縮や誤り訂正効果を高めるための信号の順序入替え（インタリーブ）などで遅延が発生する。

など，注意すべき点もあるが，情報圧縮技術，変調技術，誤り訂正技術などの進展などにより，これらの課題の多くは解決しつつある。

---

　† binary digit の略。

1.1 ディジタル伝送の基本構成

図1.1にディジタル伝送の基本構成を示す[1][†1]。入力ディジタル信号（ベースバンド信号）は，"0"，"1"が連続して現れないように，すなわち，エネルギーが集中しないように**スクランブル**（scramble）[†2]がかけられた後，伝送途中で生じる誤りを訂正するための誤り訂正符号が付加される。他のシステムからの情報は多重化部で多重され，1本の**ビットストリーム**（bit stream）すなわち，ディジタルデータの時系列情報となる。このデータによりディジタル変調された信号は，高周波（搬送波）に変換され電力増幅されたのち，無線（電波）あるいは有線などの媒体を通して伝送される。受信部では，増幅・復調後ビットストリームを再生し，多重分離部で分離された信号に対して誤り訂正を行い，**デスクランブル**（descramble）後，もとの信号に戻される。なお，ア

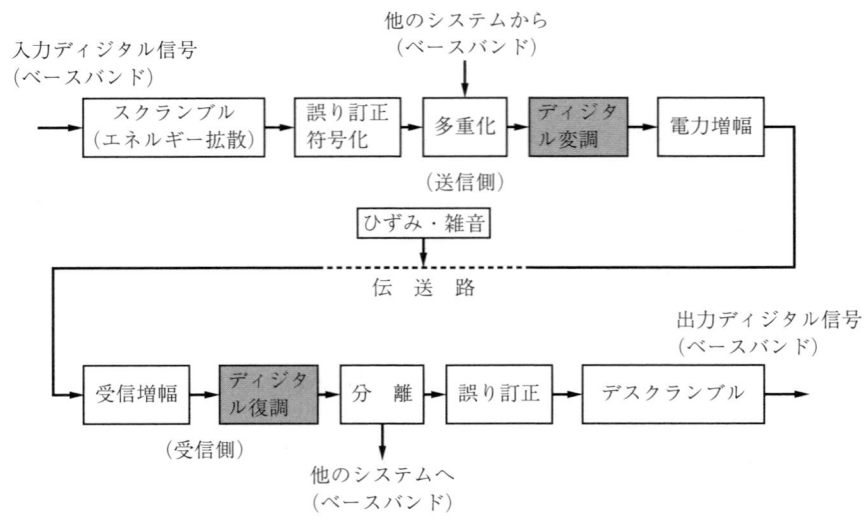

図1.1 ディジタル伝送の基本構成

---

†1 肩付き数字は巻末の引用・参考文献を示す。
†2 伝送帯域内の特定の**スペクトル**（spectrum）にエネルギーが集中すると，非線形をもつ機器では，ひずみ成分により符号誤りが発生するおそれがある。

ナログ伝送と異なり，ディジタル伝送においては，一般的に送受信間で同期をとる必要があり，受信機側での同期動作が重要となる。ここで同期とは，搬送波の周波数，位相およびシンボル（符号のある状態，例えば"0"または"1"の状態。通常，複数のビットで構成される）変化のタイミングを送信側と一致させることをいう。

1.2　ベースバンドディジタル信号の種類

図1.2に最も基本的な**ベースバンド信号**（base band signal，変調を行う前の信号）の種類を示す[1]。**NRZ**（non-return to zero）は，最も基本的な信号であるが，映像や音声のような時間的，空間的に相関が大きく"0"または"1"が長く続きやすい信号を伝送する場合には，送受間の同期・タイミングがとりにくくなるため，この符号のままで送ることはあまり行われない。

RZ（return to zero）は，タイミングをとるのは容易となるが，パルス幅が半分となるため，**帯域幅**（bandwidth）は2倍必要となる。また，これらの信号は直流成分を含むが，直流成分を含まない両極NRZ（−1あるいは1を伝

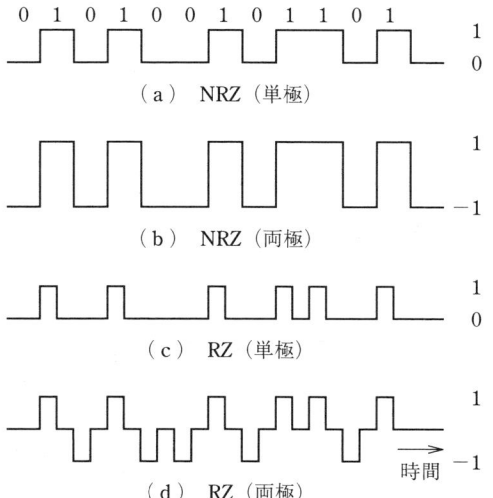

(a)　NRZ（単極）

(b)　NRZ（両極）

(c)　RZ（単極）

(d)　RZ（両極）

図1.2　基本的なベースバンド信号の種類

送），両極 RZ もある。両極 NRZ は，NRZ 信号をレベル変換（"0"，"1"→"-1"，"1"）すれば得られる。

図 1.3 に基本となる NRZ 信号の波形とこの波形をフーリエ変換したスペクトルを示す。T_p はパルス幅，T はパルス間隔（パルス周期）である。急激な立上がり，立下がり時間をもつパルス波形のため，スペクトルが無限まで広がっている。また，T を大きくしていくとスペクトル間隔は狭くなっていく。

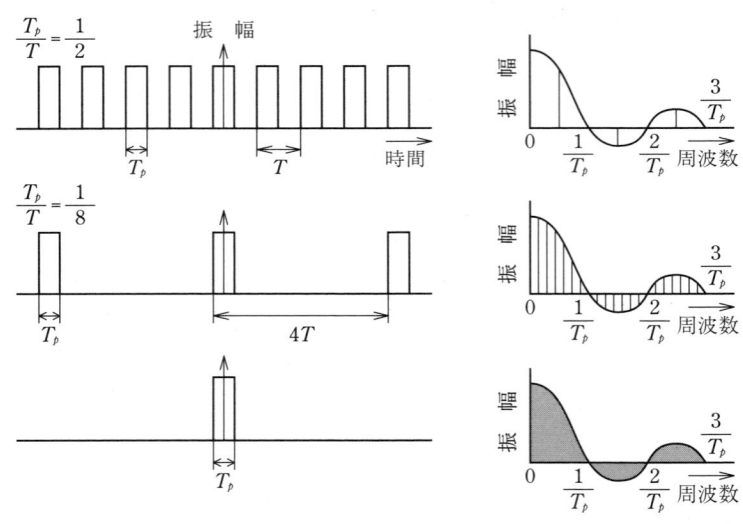

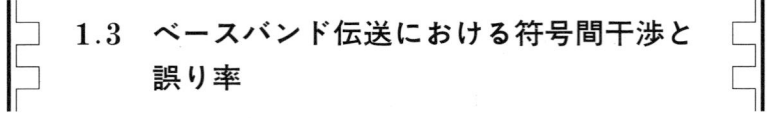

図 1.3　NRZ 信号の波形とスペクトル

注目すべき点は，いずれの波形においても $1/T_p$ ごとに**ヌル点**（null point）ができることである。このことは，$1/T_p$ の間隔で搬送波を配置した場合は，その周波数間においては**符号間干渉**（**シンボル間干渉**，intersymbol interference，**ISI**）が発生しないということを示している。

1.3　ベースバンド伝送における符号間干渉と誤り率

ディジタル伝送で重要なのは，受信側で "0" か "1" を正確に判定できることであり，送信波形を忠実に再現する必要はない。すなわち，受信側において

ディジタル信号は，図1.4（a）に示すように，サンプル点で"1"か"−1"を判定できれば，その間はどのような波形であっても差し支えない。ここがアナログ伝送と大きく異なる点である。

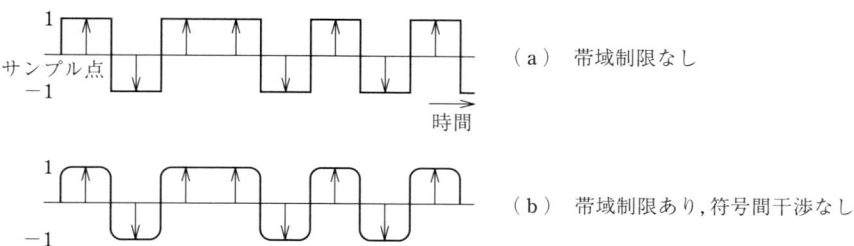

図1.4 ディジタル信号における帯域制限なし，ありのときの波形

NRZ信号などでは，無限の帯域まで高調波が含まれているため，電波を有効に利用するためには**帯域制限**（band limitation）が必要である。適切な帯域制限を行えば図（b）のような滑らかな波形となり，符号間干渉は生じない。

一方，伝送路の帯域制限が適切でない場合や非直線な位相特性[†1]をもつ場合は波形ひずみが生じる。この場合，図1.5に示すように，符号間干渉によりサンプル点での値が変化し，"0"を"1"と誤って判断して**ビット誤り率**（bit error rate, BER）[†2]を上昇させる。

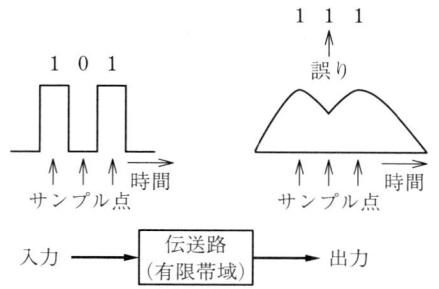

図1.5 帯域制限が適切でない場合の誤り発生

[†1] 伝送路の位相特性が周波数に対して直線でないこと。
[†2] シンボル誤りの場合は，**シンボルエラーレート**（symbol error rate, SER）という。

符号間干渉が大きいと誤りを起こさなくても，雑音マージンが低下し，誤りの要因となる。ここで，誤り率とは，"0"と"1"のディジタル信号を送るとき，送った信号の値が受信側で誤って受信される確率を表したものである。

例えば，100 bit の信号を送って 1 bit の誤りがあった場合，ビット誤り率は 10^{-2} となる。ディジタル伝送の場合はアナログ伝送と異なり，伝送品質をこのように明快かつ客観的に評価できることが大きな特長である。

なお，誤り率と伝送品質の関係については情報圧縮の程度に関係することから大まかな基準しか示されていない。例えば，映像の場合の検知限（劣化が検知できる限界）は 3×10^{-9}，許容限は 1×10^{-7}，音声における検知限は 4×10^{-6} とされている。

1.4 伝送路の雑音特性と誤り率

1.4.1 雑音特性

衛星回線やケーブルなど比較的伝送特性が安定している回線では，伝送路における雑音はほとんど**熱雑音**（thermal noise）と見なすことができる。

熱雑音は，図 1.6 に示すような時間波形をもち振幅・周波数ともランダムな信号であるが，その振幅の分布（振幅が現れる頻度すなわち確率）は図 1.7 の**ガウス分布**（Gaussian distribution，**正規分布**ともいう）に従うことが知られており，**白色ガウス雑音**（white Gaussian noise，以下，**ガウス雑音**という）†

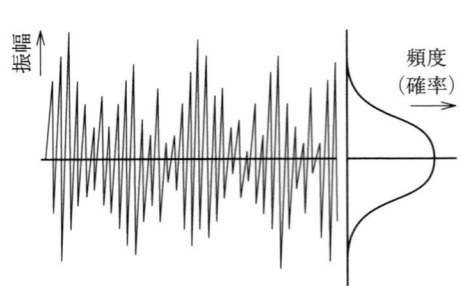

図 1.6 熱雑音（ガウス雑音）の時間波形

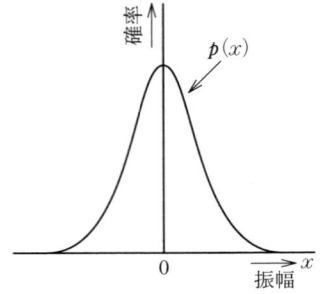

図 1.7 ガウス分布

の一種である。

この分布 $p(x)$ は，式 (1.1) に示す**確率密度関数**（probability density function）で表すことができる。この式は誤り率の解析に用いられる重要な式である[1]。

$$p(x) = \frac{1}{\sqrt{2\pi\sigma^2}} \exp\left(-\frac{x^2}{2\sigma^2}\right) \tag{1.1}$$

ここで，σ^2 は雑音の**分散**（variance）であり，雑音電力（平均電力）を表す。

1.4.2　雑音による誤りの発生

受信信号に対する雑音による誤りは，信号にガウス雑音が重畳されたために生じるものと考えることができる。この場合，誤り率 p は**図 1.8** に示すように判定点からはみ出す部分の面積で計算でき，式 (1.2)，(1.3) で表される。

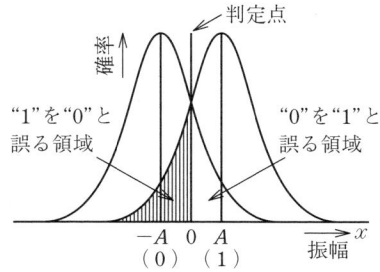

図 1.8　雑音による誤りの発生

$p = p(符号1を符号0と誤る確率) + p(符号0を符号1と誤る確率)$
$$\tag{1.2}$$

ここで，符号0と符号1が現れる確率を 1/2 ずつとすれば

$$\begin{aligned}
p &= \frac{1}{2}\left[\int_{-\infty}^{0} \frac{1}{\sqrt{2\pi\sigma^2}} \exp\left\{-\frac{(x-A)^2}{2\sigma^2}\right\} dx + \int_{0}^{\infty} \frac{1}{\sqrt{2\pi\sigma^2}} \exp\left\{-\frac{(x+A)^2}{2\sigma^2}\right\} dx\right] \\
&= \frac{1}{2\sqrt{\pi}} \left\{\int_{-\infty}^{-\frac{A}{\sqrt{2\sigma^2}}} \exp(-y^2) dy + \int_{\frac{A}{\sqrt{2\sigma^2}}}^{\infty} \exp(-y^2) dy\right\} \\
&= \frac{1}{\sqrt{\pi}} \int_{\frac{A}{\sqrt{2\sigma^2}}}^{\infty} \exp(-y^2) dy = \frac{1}{2} \operatorname{erfc}\left(\frac{A}{\sqrt{2\sigma^2}}\right)
\end{aligned} \tag{1.3}$$

---

† （前ページの脚注）　白色ガウス雑音（白色雑音ともいう）は単純に足し算ができることから，**加法性ガウス雑音**（addictive white Gaussian noise, **AWGN**）とも呼ばれる。

ここで

$$\mathrm{erfc}(x) = \frac{2}{\sqrt{\pi}} \int_x^\infty \exp(-u^2)\, du \tag{1.4}$$

と表すことができ，**誤差補関数**（complementary error function）と呼ばれる。

1.5 無ひずみ伝送条件

NRZ信号のような無限大の帯域幅をもつ信号を，有限の帯域をもつ実際の伝送路を通した場合，前記の波形ひずみにより符号間干渉が生じる。

線形伝送路において，無ひずみ（符号間干渉がない）で伝送するためには，当該パルスの振幅は，その中心位置において"1"で，それ以外のサンプル点では"0"となればよい。このような伝送路特性を実現するための条件・基準は，ナイキスト（H.Nyquist）によって求められ，**ナイキストの基準**（Nyquist's criterion）と呼ばれている[1]。

図**1.9**（a）に示すフィルタ特性の点線のように，周波数帯域 $0 \sim f_b$ において，f_b までは振幅が一定で，また位相特性が直線であり，f_b より高い周波数においては信号が0となる理想的な**ローパスフィルタ**（low pass filter, **LPF**）

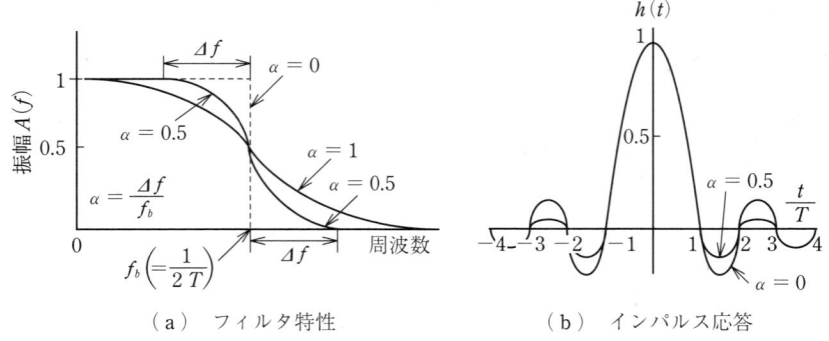

（a）フィルタ特性　　　（b）インパルス応答

図**1.9** フィルタ特性とインパルス応答

---

†1 （次ページの脚注）有限の電力をもつ非常に幅の狭い（無限小）のパルス。そのフーリエ変換は1で周波数に無関係。

を考える。**インパルス**（impulse）[†1]を$f_b=1/(2T)$としたこのフィルタに入力した場合の**インパルス応答**（impulse response）は，図（b）のような時間波形となり，$h(t)=\sin(\pi t/T)/(\pi t/T)$で表される[†2]。これを**sinc 関数**と呼ぶ。

この波形は，$T=1/(2f_b)$ごとに振幅が0となっており，$1/(2f_b)$の間隔でデータを送れば，符号間干渉なしに帯域制限ができることを示している。

ここで，$T[=1/(2f_b)]$を**ナイキスト間隔**（Nyquist interval），$f_b=1/(2T)$を**ナイキスト帯域**という。

以上からナイキストの基準（第1基準）はつぎのとおりである。

> 時間間隔（周期）Tのパルスに対して，伝送帯域幅$1/(2T)$の理想フィルタで帯域制限した場合，符号間干渉は生じない。

このときの周波数軸と時間軸の関係は図1.9の$\alpha=0$の場合に相当する。このような場合，符号間干渉なしに帯域制限ができる。

実際には，このような急峻なフィルタ特性を実現することは不可能である[†3]ため，現実的な方法として$f_b=1/(2T)$の点で奇対称になるような周波数特性をもつフィルタによりナイキストの基準を満足させている。

ナイキストの基準を満たす帯域制限フィルタとそのインパルス応答を図1.9（$\alpha=0.5$と1の場合）に示す。ここで，$\alpha=\varDelta f/f_b$は**ロールオフ率**（roll off ratio）と呼ばれている。このフィルタは**ロールオフフィルタ**と呼ばれ，ディジタル伝送のフィルタ特性としてよく用いられる。

図1.9（a）のロールオフフィルタ（コサインロールオフフィルタ）の周波数特性$A(f)$は，式（1.5）で表される。

[†2] $h(t)$は$A(f)$（伝達関数）を逆フーリエ変換すれば求められ，$f_b=1/(2T)$とし，かつ正規化すれば$h(t)=2T\int_0^{f_b}1\times A(f)\exp(j2\pi ft)df=\dfrac{\sin(\pi t/T)}{\pi t/T}$となる。

[†3] フィルタを構成するコイルやコンデンサ（特にコイル）には抵抗成分があるため，常温では$\alpha=0$のような理想的な特性を得ることは不可能である。

$$A(f) = \begin{cases} 1 & 0 \leq f \leq f_b - \varDelta f \\ \dfrac{1}{2}\left[1 - \sin\left\{\dfrac{(f-f_b)\pi}{2f_b}\right\}\right] & f_b - \varDelta f < f < f_b + \varDelta f \\ 0 & f_b + \varDelta f \leq f \end{cases} \quad (1.5)$$

$\alpha = \varDelta f / f_b$ であるから,ベースバンド帯域幅 B_b は,$B_b = f_b + \varDelta f = (1+\alpha)f_b$ となり,$f_b = 1/(2T)$ であるから

$$B_b = \frac{1+\alpha}{2T} = \frac{1+\alpha}{2} R_S \quad (1.6)$$

となる。$R_S(=1/T)$ は**シンボルレート**(symbol rate,1秒間に伝送するシンボル数)[†1]と呼ばれる。

α が小さいほど帯域幅は狭くなり,$\alpha=0$ で帯域幅は最小(ナイキスト帯域)となるが,**ジッタ**(jitter)[†2]による符号間干渉の影響を受けやすくなる。逆に α が大きいほど広い帯域幅が必要となる。

実際においては,図1.10に示すように,送受にフィルタを均等に分割配置し,伝送路全体としてロールオフ特性が得られるようにすることが多い。

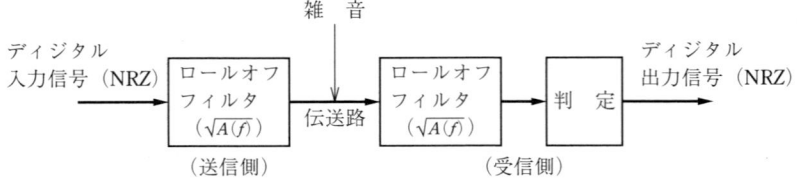

図1.10 ロールオフフィルタの配置例

フィルタの設計においては,符号間干渉による劣化と雑音抑圧のトレードオフによって最適なフィルタを設計する必要があるが,フィルタ出力の **SNR** (signal to noise ratio,**信号対雑音比**)が最大となるフィルタを**整合フィルタ** (matched filter)という。受信側のロールオフフィルタが整合フィルタとなっていれば,サンプル点での SNR が最大となることから,送受で均等配分することが適している[3]。また,ほかの無線局からの干渉も減る。

---

† 1 **ボーレート**(baud rate)あるいは変調速度とも呼ばれる。
† 2 パルス列の幅,周波数,位相などが雑音などで変動する現象。

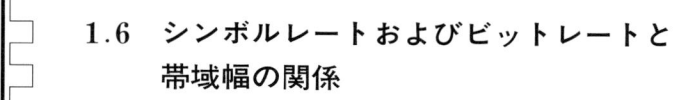

1.6 シンボルレートおよびビットレートと帯域幅の関係

式 (1.6) から理想ロールオフフィルタを用いた場合，シンボルレート R_s 〔シンボル/s〕のベースバンド信号を無ひずみで伝送できる最小所要帯域幅（ナイキスト帯域）は $R_s/2$ 〔Hz〕となる。1 シンボルが 1 bit（"0" か "1" の 2 値符号）で構成されている場合は，シンボルレートは**ビットレート**〔**bps**（bit per second），1 秒間に伝送するビット数。**伝送速度**ともいう〕と等しい。

例えば，10 **Mbps**（megabit per second，**メガビット/秒**，mega $= 10^6$）の 2 値信号をロールオフ率（α）0.5 で無ひずみ伝送するための最小帯域幅 B_b は

$$B_b = \left(\frac{10\,\text{Mbps}/2}{1\,\text{bit}/シンボル}\right) \times (1+0.5) = 7.5\,\text{MHz}$$

となる。

演習問題

【1】図 1.3 において，方形パルスの幅 T_p を 1 μs とすれば，スペクトルの最初のヌル点における周波数はいくらか。

【2】パルス間隔 1 μs のベースバンド信号を無ひずみで伝送できる最小帯域幅（ナイキスト帯域）はいくらか。

【3】8 Mbps のベースバンド信号をロールオフ率（α）0.2 で無ひずみ伝送するための最小帯域幅はいくらか。

【4】5 Mbps のディジタル信号において，測定開始後のある時間で初めて誤りが生じ，誤り率が 1×10^{-8} であったとする。この時間 t を求めよ。

2 ディジタル変復調の基本方式

　映像・音声などのベースバンド信号を無線伝送する場合，効率よく電波として放射させるためには，信号をそのまま送るのではなく高周波に乗せて送る必要がある。これは，ベースバンド信号のままでは周波数が低すぎて電波として放射されにくく，アンテナが非現実的な大きさとなるためである。

　すなわち，光の速度を c〔$3×10^8$ m/s〕，周波数を f，波長を λ とすれば $c=f\lambda$ であり，一般的に使用される**ダイポールアンテナ**（dipole antenna）の長さは，ほぼ半波長 $\lambda/2$ であることから，例えば音声周波数帯の 3 kHz を効率よく放射するためには，50 km〔$\lambda/2=(c/3\text{ kHz})/2$〕もの長さが必要となる。

　また，放射されたとしても同じ伝送路（空間）を同じ周波数帯で共用することになるため，混信を起こすおそれがある。もし，ベースバンドよりはるかに高い周波数の**搬送波**（carrier，**キャリヤ**）を利用すれば，電波として放射されやすく，アンテナも小形化できる。加えて**搬送周波数**（carrier frequency）を変えることにより，混信の発生を防止することができる。ただし，このためには搬送波信号を送りたい信号（情報）で変化させる操作，すなわち変調が必要となる。

　本章では，単一搬送波（シングルキャリヤ）を用いた基本的な変調方式とディジタル伝送において重要な誤り訂正技術について述べる。

2.1　ディジタル変調方式

　アナログ変調においては，アナログ信号で搬送波の振幅（レベル），周波数，位相を変化させて情報を伝送する方式が用いられており，それぞれ **AM**（amplitude modulation，**振幅変調**），**FM**（frequency modulation，**周波数変調**），**PM**（phase modulation，**位相変調**）と呼ばれている。

ディジタル変調でも同じような方式が考えられ，搬送波信号 $s(t)$ が

$$s(t) = A(t)\cos\{2\pi f_c t + \phi(t)\} \tag{2.1}$$

で表されるとき，"0"，"1" のディジタル信号により，振幅 $A(t)$，周波数 f_c および位相 $\phi(t)$ を変化させて情報を伝送する。

これらの方式はアナログ方式に対応して，**ASK**（amplitude shift keying, **振幅シフトキーイング**），**FSK**（frequency shift keying, **周波数シフトキーイング**），**PSK**（phase shift keying, **位相シフトキーイング**）と呼ばれている。

また，振幅と位相の両方を変化させることにより，伝送速度（ビットレート）を高めた方式として **QAM**（quadrature amplitude modulation, **直交振幅変調**）に代表される **APSK**（amplitude and phase shift keying, **振幅位相シフトキーイング**）方式もある。図 2.1 はディジタル変調方式の種類と信号波形を示したものである[1]。

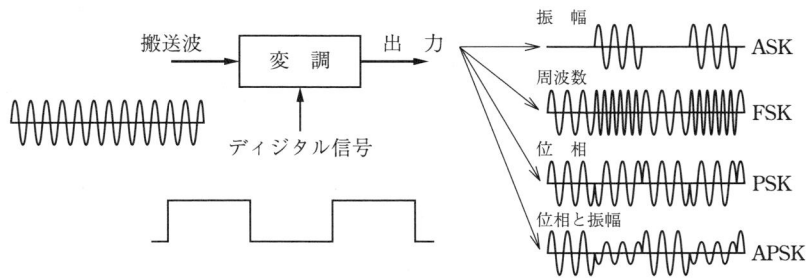

図 2.1 ディジタル変調方式の種類と信号波形

PSK および APSK は，ASK と同様，ロールオフフィルタで帯域制限されたベースバンド信号のスペクトルが変調後においてもそのままの形で伝送されるいわゆる線形変調方式である（2.1.2 項参照）。このため，比較的狭い帯域幅で伝送でき，周波数資源を有効に利用できることから，広く使われている。しかし，帯域制限を行うことから変調波の振幅（包絡線）は一定ではなくなり〔図 1.4（b）〕，直線性のよい増幅器を使用しないと不要な放射成分を生じてしまう。

一方，**MSK**〔minimum shift keying，FSK のなかで最も周波数帯域が狭く

てすむ方式（2.5.4項参照）〕に代表されるFSK変調方式は，変調後に入力ベースバンド信号にはないスペクトルが現れることから非線形変調方式と呼ばれる。この方式は定包絡（一定振幅）であることが最大の特徴である。このため，直線性は悪いが電力効率のよい**C級増幅器**（class C amplifier）を使用できるが，一定振幅を保つ代償として比較的広い帯域を必要とする。

このようにそれぞれの方式には長所・短所があるが，短所をカバーするための方式も考えられている。PSKでは包絡線変動が少ない**π/4シフトQPSK**〔π/4 shifted QPSK（2.5.3項参照）〕，FSK・MSK系では誤り率特性をある程度犠牲にして帯域を狭めた**GMSK**〔Gaussian filtered minimum shift keying（2.5.4項参照）〕などがあげられる[3]。π/4シフトQPSKは日本およびアメリカ，GMSKはヨーロッパの移動通信（自動車電話など）変調方式として採用されている[4],[5]。

一方，情報量が大きい画像を取り扱う放送分野においては，伝送容量（伝送速度）が大きい方式が必要であり，地上放送においてはマルチキャリヤである**OFDM**（orthogonal frequency division multiplexing，3章参照）の各キャリヤを変調する方式として多値QAM（16 QAM，64 QAM），衛星放送ではトレリス8 PSK（2.8節参照）などPSK・APSK変調方式が用いられている。

ASK変調方式は伝送路のレベル変動に弱く，伝送速度もあまり高くないことから，これまでほとんど使われていなかった。しかし，強力な誤り訂正を用いるとともに，振幅を多値化（8値）し，片方の側波帯をほとんどカットして**周波数利用効率**（spectrum efficiency，伝送速度/帯域幅）を高めた多値**VSB**（vestigial side band）方式がアメリカの地上ディジタル放送方式として使用されている（2.5.1項）[2],[6]。

2.1.1 ASK変調方式

ASKは，ディジタル信号で搬送波の振幅を変えることにより情報を伝送する方式である。2値ASK変調器の基本構成と信号波形を**図2.2**に示す。搬送波とディジタル信号を乗算することでASK信号を得ることができる。この

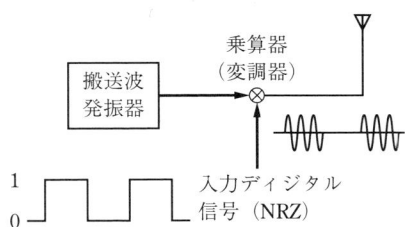

図 2.2 2値ASK変調器の基本構成と信号波形

ように2値（0または1）で搬送波の断続を行う方式は，**OOK**（on-off keying）とも呼ばれる。

また，複数のレベルを用いてシンボル当りのビット数を増やした方式もあり，**多値 ASK** あるいは**多値 PAM**（multi-level pulse amplitude modulation，**多値パルス振幅変調**）[†1] と呼ばれる。

搬送周波数を f_c とすれば ASK の信号波形は式（2.2）で表される。

$$s(t) = A(t)\cos(2\pi f_c t) \tag{2.2}$$

ここで，$A(t)$ は2値 ASK では1または0の値をとる。

図 2.3 は2値 ASK 信号の**信号点**（signal point）を位相平面上に表したもので，搬送波の位相が0°（基準），振幅が1ということを示している。この図は位相平面図，信号配置図あるいは**コンスタレーション**（constellation）[†2] と呼ばれており，横軸は **I 軸**（inphase axis，**同相軸**），縦軸は **Q 軸**（quadrature axis，**直交軸**）と呼ばれる。

このように，時間波形を搬送波の位相を基準とした位相平面上に表すことにより，変調波の位相と振幅を直感的かつ明確に表すことができる。2値 ASK のしきい値（"0"か"1"の判定レベル）は，信号レベル（振幅）の1/2の点となる。

2値 ASK 信号発生用**乗算器**（multiplier）の例を**図 2.4** に示す[7]。

搬送波発振器からの信号は，入力ディジタル信号が0（ローレベル）のときはダイオードが導通しないため出力には現れないが，1（ハイレベル）のとき

[†1] 多値の振幅をもつパルス時系列信号
[†2] 信号点が多い16 QAM などの場合には，星座が連想されるため，コンスタレーションと称されている。

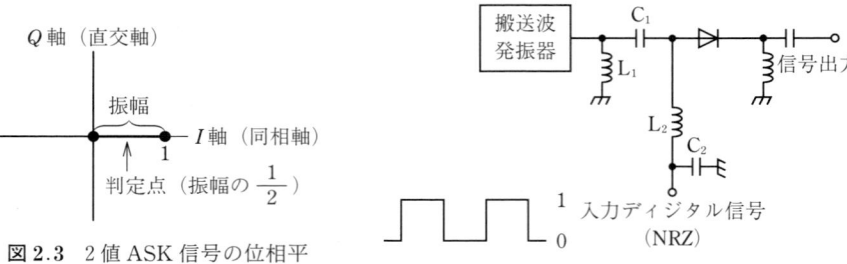

図 2.3　2 値 ASK 信号の位相平面図（コンスタレーション）

図 2.4　2 値 ASK 信号発生用乗算器

はそのまま出力される。C_1, L_1 はディジタル信号が発振器側に影響するのを阻止するための**ハイパスフィルタ**（high pass filter，**HPF**），C_2，L_2 は搬送波がディジタル信号部に漏れるのを阻止するためのローパスフィルタである。

2.1.2　PSK 変調方式

PSK は，ディジタル信号に応じて搬送波の位相を変えて情報を伝送する方式である。伝送路のレベル変動や雑音に強く，**所要帯域幅**（required bandwidth）も狭くてすむ特長があり，ディジタル伝送では広く利用されている。

アナログの位相変調（PM）は，**変調周波数**（modulating frequency）に無関係に変調レベルに比例して変調指数（位相偏移）が増加し，周波数変調（FM）に比べて帯域が広がるため，あまり使用されない[†]。しかし，ディジタル変調の場合は，サンプル点で"1"か"0"を判断できればよい。PSK においては，ナイキストの基準を満足するロールオフフィルタを使用すれば，帯域を制限しても符号間干渉なしに伝送が可能であり，ディジタル伝送に適した方式といえる。

一度に二つの位相（0 または π）を使って伝送する方式を **BPSK**（binary

[†] PM 信号 $s_{PM}(t)$ と FM 信号 $s_{FM}(t)$ は，変調周波数を f_p，周波数偏移を Δf_d，位相偏移を $\Delta \phi$ とすれば，それぞれ次式で表される。

$$s_{PM}(t) = \cos\{2\pi f_c t + \Delta\phi\cos(2\pi f_p t)\}, \quad s_{FM}(t) = \cos\left\{2\pi f_c t + \left(\frac{\Delta f_d}{f_p}\right)\cos(2\pi f_p t)\right\}$$

$\Delta\phi$ および $\Delta f_d/f_p$ は変調指数であり，AM の変調度に相当する。PM の変調指数は f_p に無関係であるが，FM の場合は f_p に反比例するため，スペクトルの広がりが抑えられる。

phase shift keying，**2相位相シフト変調**），四つの位相を使う場合をQPSKと呼ぶ．QPSKやこれから派生した$\pi/4$シフトQPSKなどは無線通信の分野で最も使われている方式である．

使用する位相数を増やすことにより伝送速度（ビットレート）はさらに改善される．すなわち，BPSKでは一度に情報を1 bitしか伝送できないのに対し，QPSKでは2 bit，8 PSKでは3 bitの情報を伝送できる．帯域幅が同じ場合は，BPSKに比べてQPSKは2倍，8 PSKで3倍の情報を伝送できる．

〔1〕 **BPSK** PSKの基本形がBPSKである．**図 2.5**にBPSK変調器の基本構成と信号波形を示す[1]．2値（0または1）のディジタル信号を搬送波の$0(0°)$と$\pi(180°)$の位相に割り当てて伝送する方式で，1シンボルで1 bitを伝送できる．

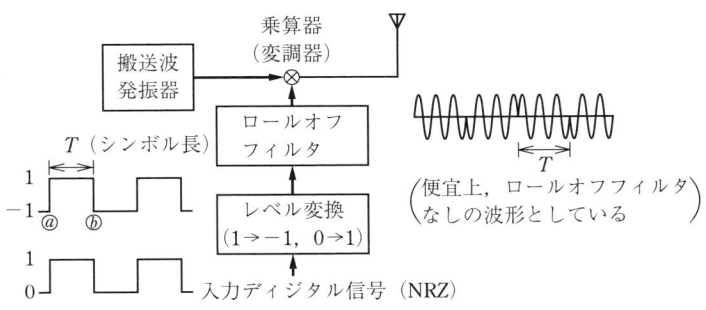

図 2.5 BPSK変調器の基本構成と信号波形

ここで，**シンボル**（symbol）とは情報を伝送する単位で，変調波の一状態（BPSKでは位相が0またはπ）をいう．また，図の波形において，ⓐ-ⓑ間をシンボル期間あるいは**シンボル長**（symbol length）と呼ぶ．

図 2.6はBPSK信号発生用乗算器として使用できる**リング変調回路**（ring modulator）である[7]．入力ディジタル信号の極性が図のような場合（+1：ハイレベル）は，ダイオードD_1とD_2が導通（D_3，D_4は不導通）し，出力には入力搬送波形がそのまま現れる．つぎに，入力ディジタル信号の極性が反転した場合は，ダイオードD_3とD_4が導通（D_1，D_2は不導通）し，出力には逆極

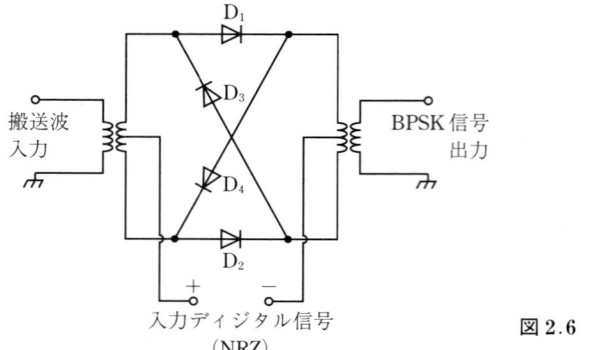

図 2.6　リング変調回路

性の搬送波が現れる。これにより，BPSK 信号が得られる。

ここで，搬送波 $\cos 2\pi f_c t$ とベースバンド信号 $A(t)$ を乗算したときの出力スペクトルを求める。乗算器出力 $s(t)$（振幅変調波）は $s(t)=A(t)\cos 2\pi f_c t$ であり，この式をフーリエ変換すれば

$$\begin{aligned}
S(f) &= \int_{-\infty}^{\infty} A(t)\cos(2\pi f_c t)\exp(-j2\pi f t)\,dt \\
&= \left[\int_{-\infty}^{\infty} A(t)\exp\{-j2\pi(f+f_c)\}t\,dt\right. \\
&\quad \left. + \int_{-\infty}^{\infty} A(t)\exp\{-j2\pi(f-f_c)t\,dt\}\right]\Big/2^{\dagger 1} \\
&= \frac{B(f+f_c)+B(f-f_c)}{2}
\end{aligned} \tag{2.3}$$

となる。ここで，$B(f)$ は $A(t)$ のフーリエ変換対である。このように乗算器出力のスペクトルは，ベースバンド信号のスペクトルを負の周波数成分も含めて搬送周波数まで移動したものに等しい。

一方，PSK 信号 $s_{\text{PSK}}(t)$ は式 (2.4) で表される。

$$\begin{aligned}
s_{\text{PSK}}(t) &= \cos\{2\pi f_c t + \phi(t)\} \\
&= \cos\phi(t)\cos(2\pi f_c t) - \sin\phi(t)\sin(2\pi f_c t)
\end{aligned} \tag{2.4}$$

式 (2.4) は 90° の位相差をもつ搬送波をそれぞれ振幅変調し，合成した信号を表している[†2]。このことはすべての種類の PSK 信号に当てはまる。

---

†1　$\cos 2\pi f_c t=\{\exp(j2\pi f_c t)+\exp(-j2\pi f_c t)\}/2$

BPSKの場合は，式 (2.5) で表され，$\cos\phi(t) = \pm 1$ である。

$$s_{BPSK}(t) = \cos\phi(t)\cos(2\pi f_c t) \tag{2.5}$$

以上から，入力ベースバンド信号（NRZ）のシンボル長を T，そのスペクトルを図 2.7 とすれば，BPSK 信号のスペクトルは図 2.8 に示すようにベースバンド帯域に比べて 2 倍 ($1/T$) となる。すなわち，ロールオフ率を α とすれば，ベースバンドにおいてはシンボルレート R_s を無ひずみで伝送できる最小帯域幅は $\{(1+\alpha)R_s\}/2$ であるが，シンボルレートが R_s〔bps〕の変調信号の最小帯域幅 B〔Hz〕は

$$B = (1+\alpha)R_s \tag{2.6}$$

となる。BPSK の場合は 1 シンボルが 1 bit で構成されているため，シンボルレートとビットレートは等しい。なお，変調波中央の山の部分を**メインローブ** (main lobe)，それ以外の部分を**サイドローブ** (side lobe) と呼ぶ。

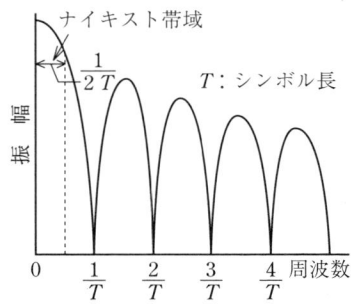

図 2.7 入力ディジタル信号（ベースバンド信号）のスペクトル

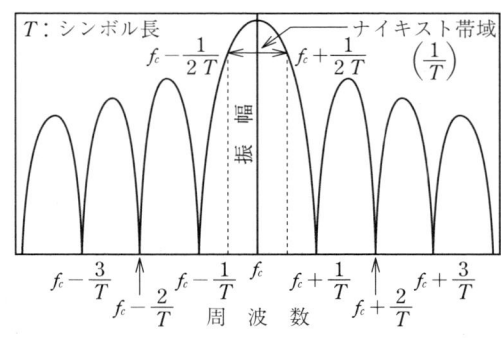

図 2.8 BPSK 信号のスペクトル

図 2.9 に BPSK 信号のコンスタレーションを示す。信号点の広がり具合が，雑音・ひずみの程度を表すので，伝送品質を容易に知ることができる。

図 2.10 は実際に測定した BPSK 信号のコンスタレーションである。ディジタル信号の伝送品質を視覚的に示す別の方法としては，**アイパターン** (eye

---

†2 （前ページの脚注）式 (2.4) は，PSK 信号は振幅変調波と同様，線形変調波であることを示す。アナログの位相変調の場合は，**瞬時周波数** (instantaneous frequency) が $f_c + \{\phi(t)/(2\pi)\}/dt$ で変化する FM 波（非線形変調波）に分類される。

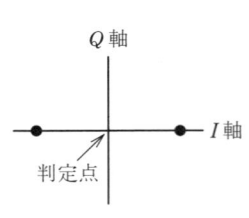

図 2.9 BPSK 信号の
コンスタレーション

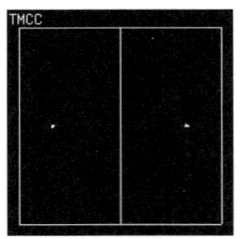

図 2.10 BPSK 信号の実
測コンスタレーション

pattern)† があるが，アイパターンの場合は I 軸または Q 軸の一方しか表示できない。コンスタレーションでは両方を同時に表示できる[2]。

BPSK はシンボルの"1"と"0"の状態に応じて振幅はそのままで，位相だけが反転するため，判定点は 0 レベルの点となり，2 値 ASK に比べると雑音に対して 2 倍（$20 \log 2 = +6$ dB）強い。ただし，ASK は"0"のときは電力を出していないことから，"0"と"1"が等確率で現れるとすれば，つねに信号が出ている BPSK に比べて半分の電力〔$10 \log(1/2) = -3$ dB〕ですむ。すなわち，信号電力を同一とすれば，雑音に対して 3 dB（6 dB − 3 dB）強いこととなる。BPSK の特徴をまとめると以下のようになる。

① 伝送速度は遅く，1 シンボルで 1 bit しか伝送できないが，信号点間距離が長く，振幅に情報が乗せられていないため，雑音・ひずみに強い。

② 2 値 ASK に比べて，受信 **CNR**（carrier to noise ratio，**搬送波電力対雑音電力比**）は 3 dB 低くても同じ誤り率となる。

これらの特長により，地上ディジタルテレビ放送においては，重要な制御信号の変調方式として用いられている[8]。

〔2〕**QPSK** QPSK は，搬送波の 90°（$\pi/2$）おきの位相を用いて，1 シンボルで 2 bit の情報を送る方式で，4 相 PSK ともいう。二つの BPSK 変調器で構成されており，図 2.11 に QPSK 変調器の基本構成と信号波形を示

---

† オシロスコープを用いてシンボル周期で受信波形を重ね合わせる方法。伝送品質がよいときは目が大きく開いた状態になるのでアイパターンと呼ばれる。

2.1 ディジタル変調方式

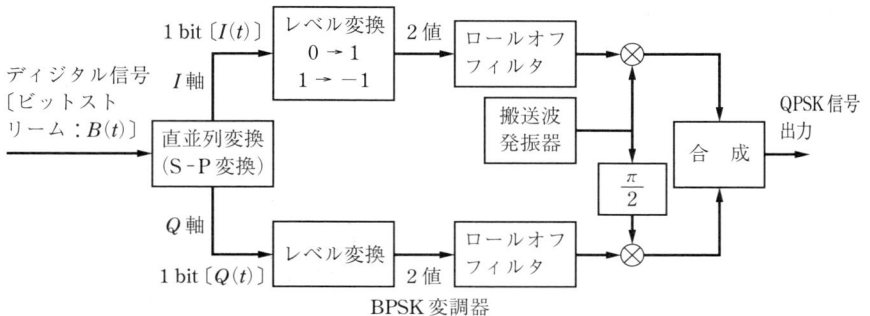

（a） QPSK変調器の基本構成

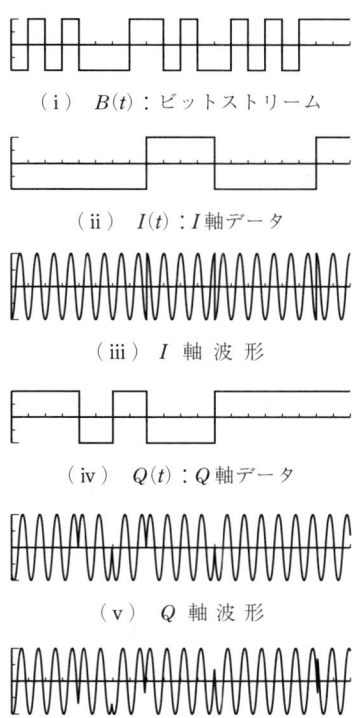

（i） $B(t)$：ビットストリーム

（ii） $I(t)$：I軸データ

（iii） I 軸 波 形

（iv） $Q(t)$：Q軸データ

（v） Q 軸 波 形

（vi） QPSK信号出力波形 （I軸波形＋Q軸波形）

（b） QPSK変調器の信号波形（ロールオフフィルタなし）

図 2.11 QPSK変調器の基本構成と信号波形

す[1]）．入力信号を 2 bit ごとに**直並列変換**（serial to parallel transform，**S-P 変換**）し，I 軸信号（1 bit）と Q 軸信号（1 bit）に分けた後，レベル変換（$0 \rightarrow 1$，$1 \rightarrow -1$）を行う．この信号をロールオフフィルタを通した後，それぞれ BPSK 変調する．この両変調波出力を合成（加算）することにより，QPSK 信号を得ている．図 2.12 に QPSK 信号のコンスタレーションを示す．

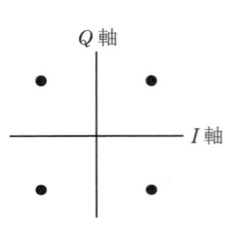

図 2.12 QPSK 信号の
コンスタレーション

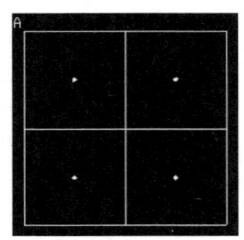

図 2.13 QPSK 信号の実
測コンスタレーション

図 2.13 は QPSK 信号の実測コンスタレーションである．BPSK 信号はビットが変化するごとに送信信号も変化するが，QPSK 信号は 2 bit ごとに変化するため，伝送速度を一定とすれば所要帯域幅は BPSK の 1/2 ですむ．このため，雑音も半分となり，同じ CNR を得るための所要送信電力は同じとなる（I，Q それぞれの軸の電力は 1/2 となるため）．

逆に，帯域を一定とすれば QPSK は 1 シンボルが 2 bit で構成されているため，BPSK の 2 倍の情報を送ることができる（伝送速度が 2 倍）．ただし，I，Q の 2 軸で伝送しているため，同じ CNR を得るためには，2 倍（+3 dB）の電力が必要となる

シンボル誤り（符号誤り）は，雑音やひずみなどにより収束点が広がった信号が位相平面上で他の領域に入った場合に生じる．熱雑音などガウス雑音によるシンボル誤りは，シンボル間距離が最も近い隣り合う信号領域において発生する．このため，位相平面上で隣り合う信号点は，それぞれ 1 bit 違いとなる**グレイコード**（Gray code，図 2.14）を用いる．これによってシンボル誤りが

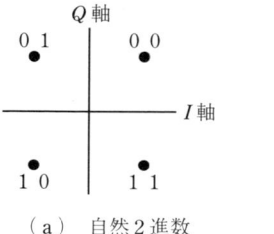
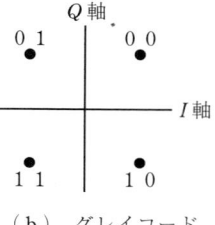
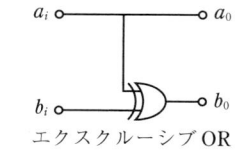

エクスクルーシブ OR

入力ビット (自然2進数)		出力ビット (グレイコード)	
a_i	b_i	a_0	b_0
0	0	0	0
0	1	0	1
1	0	1	1
1	1	1	0

(a) 自然2進数　　　(b) グレイコード

図 2.14　QPSK のグレイコード配置　　　図 2.15　グレイコードの作成回路

生じてもビット誤りは一つしか発生せず，ビット誤り率を最小とすることができる。

グレイコードは**図 2.15** のようにエクスクルーシブ OR を用いた簡単な回路でつくることができる。グレイコードから**自然 2 進数**（natural binary code）を得る場合も同様の回路を用いればよい[7]。

QPSK は所要帯域幅を狭くでき，かつ，振幅方向に情報をもたないことから，伝送路の変動，非線形ひずみに強い。このため，供給電力が制限され，十分な直線性が得られにくい衛星通信などで用いられているほか，地上ディジタル放送の移動受信用などさまざまな分野で使用されている。

〔3〕　**8 PSK，16 PSK**　　QPSK の場合は1シンボルを2 bit として搬送波の位相を変化させる方式であるが，1シンボルを3 bit（$2^3=8$ とおり）とし，それに応じて位相を変化させ，伝送速度を高める方式が8相位相変調（8 PSK）である。**図 2.16** に 8 PSK 変調器の基本構成[7]，**図 2.17** に 8 PSK 信号のコンスタレーションを示す。

8 PSK 信号は，単純に直交した搬送波の合成ではつくり出すことはできない。この回路では，ベースバンド信号を正負2値ではなく，4段階のレベルをもつ信号に変換し，それらをベクトル合成することにより，変調波を得てい

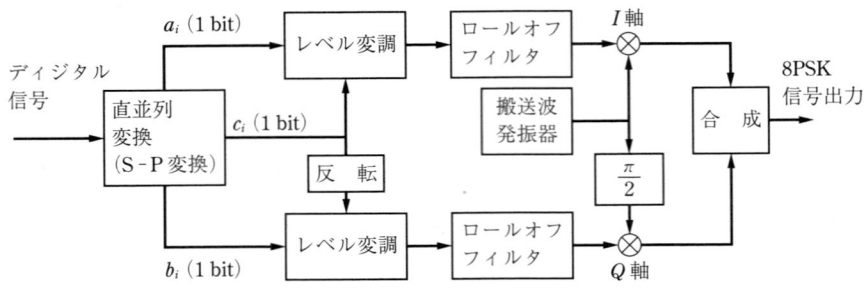

図 2.16　8 PSK 変調器の基本構成

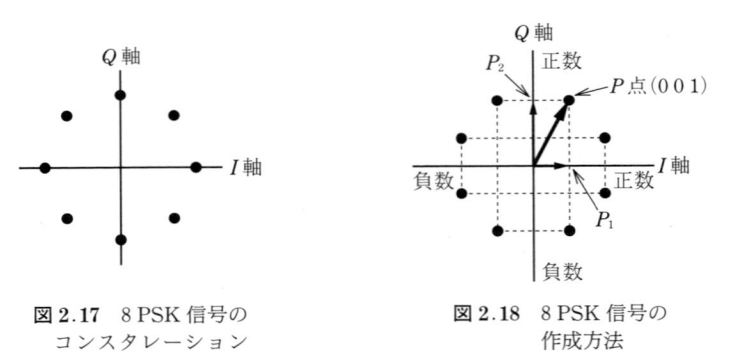

図 2.17　8 PSK 信号の
　　　　コンスタレーション

図 2.18　8 PSK 信号の
　　　　作成方法

る。図 2.18 に 8 PSK 信号の作成方法を示す。

　いま，図 2.16 に示すように $a_i=0$ のときは，I 軸の正方向，1 のときは負方向に位置するものとし，b_i は Q 軸方向に同様な動作をするものとする。また，c_i については，$c_i=0$ のときはそれぞれの軸において 2 段階のレベルのうち大きいレベル，$c_i=1$ では小さなレベルに位置するものとする。

　以上の動作をもとに，$a_i=0$，$b_i=0$，$c_i=1$ である図 2.18 の P 点（0 0 1）を考えてみる。この点は，$a_i=b_i=0$ であるから，I，Q 軸とも正方向に位置している。また，$c_i=1$ であるから，I 軸は小さいレベル（P_1 点），反転回路があるので Q 軸は大きいレベルに位置する（P_2 点）こととなり，ベクトル合成すれば P 点が得られる。詳細については文献 7) を参照されたい。

　この方式は，BPSK や QPSK に比べ多くの情報を送ることができ（BPSK の 3 倍，QPSK の 1.5 倍），周波数利用効率を高めることができることから，

電波の有効利用の面では優れている。しかし，信号間距離が短いことから，雑音・ひずみに対して弱く，同じ誤り率を得るためにはより大きな信号電力が必要となる。

BS（broadcasting satellite）ディジタル放送では，8 PSK と誤り訂正符号を組み合わせて等価的に信号間距離を長くした符号化変調方式が採用されている（2.8節参照）。

図 2.19 に 16 PSK 信号のコンスタレーションを示す。位相を 16 等分することにより，それぞれの位相に 4 bit のディジタル信号を割り当てている。16 PSK 信号はこのように，円周上に信号点が集中していることから，同じ誤り率を得るためには同じ伝送速度をもつ 16 QAM に比べても大きい電力が必要となり，あまり用いられない。

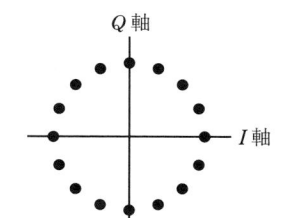

図 2.19 16 PSK 信号のコンスタレーション

〔4〕 **APSK** ディジタル伝送システムにおける変調方式を評価するポイントとしては

① 所要の誤り率に対して必要な CNR が小さいこと，

② 単位帯域幅当りの伝送速度，すなわち周波数利用効率が高いこと，

があげられる。①項は，送信電力に制限があるいわゆる電力制限系において，②項は電力より帯域制限が優先される帯域制限系で最適な変調方式を選択する際の判断基準となる。

APSK は，振幅と位相の両方を使って情報を伝えることにより，伝送速度を高める方式で，高い周波数利用効率を得ることができるため，帯域制限系においてもっぱら使用される。しかし，状態数が増えるに従って信号間距離は短くなるので，雑音の影響を受けやすくなり，伝送路のレベル変動には弱い。図

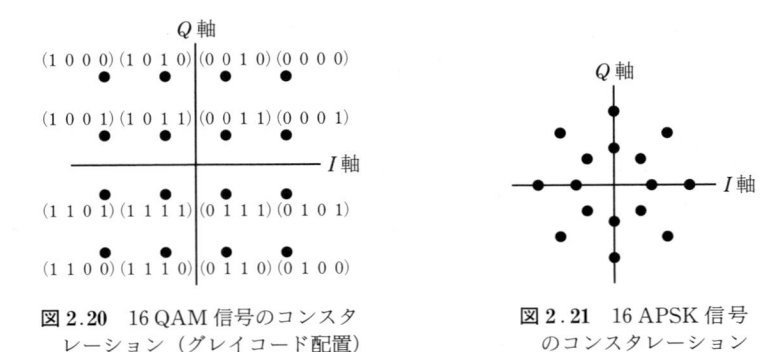

```
                    Q軸
 (1 0 0 0) (1 0 1 0)│(0 0 1 0) (0 0 0 0)
   ●         ●     │  ●         ●

 (1 0 0 1) (1 0 1 1)│(0 0 1 1) (0 0 0 1)
   ●         ●     │  ●         ●
 ──────────────────┼────────────────── I軸
 (1 1 0 1) (1 1 1 1)│(0 1 1 1) (0 1 0 1)
   ●         ●     │  ●         ●

 (1 1 0 0) (1 1 1 0)│(0 1 1 0) (0 1 0 0)
   ●         ●     │  ●         ●
```

図 2.20　16 QAM 信号のコンスタレーション（グレイコード配置）

図 2.21　16 APSK 信号のコンスタレーション

2.20 に例として 16 QAM 信号のコンスタレーション，図 2.21 に 16 APSK 信号のコンスタレーションを示す[1]。

このように，さまざまな信号点の配置方法が考えられるが，QAM は直交した搬送波の合成で信号点を作成できることから，変調・復調が容易で，かつ隣接した信号間距離も比較的均一である。このため，信号間距離を同じとすれば，同一の多値数では所要 CNR が低くてすみ，放送分野など限られた帯域において伝送速度を高めたい場合に用いられている。

なお，16 APSK 信号は内側の信号間距離が短くなっており，雑音の影響は受けやすいが，差動検波（2.2.2 項参照）が容易である。このため，受信側で搬送波を再生することが困難な移動体での受信も可能な特長をもつ†。

〔5〕**多値 QAM**　　APSK のうち，二つの多値 PAM された信号を直交変調して得られる信号を**多値 QAM**（multi-level QAM，**M-QAM**）と呼ぶ。16 QAM のほかに 32 QAM，64 QAM，256 QAM などが実用化されており，16 QAM と 64 QAM は地上ディジタルテレビ放送に用いられている[8]〜[11]。多値数が増加するにつれ，伝送速度と周波数利用効率は向上するが，その分信号電力を大きくして信号間距離を大きくしなければならない。

多値 QAM は，平均電力を一定とした場合，多相 PSK（8 PSK，16 PSK な

---

† ヨーロッパでは 32 APSK とともに衛星ディジタルテレビ放送用として規格化がなされている。隣接する信号間の位相差が 45 度と大きく，位相雑音が大きい半導体レーザ光源などにも適した信号である。

ど）に比べて信号間距離を長くとれるため，誤り率の点で有利である。しかし，振幅方向に情報をもつため，伝送路のレベル変動に影響されやすい。このため，振幅・位相変動補正のための基準信号を送る必要があり，高性能な振幅・位相等化器が必要となる。

（ 1 ） **16 QAM，32 QAM**　　図 2.22 に 16 QAM 変調器の基本構成と信号波形を示す[1]。入力ベースバンド信号は，4 bit ごとに S-P 変換が行われ，そのうち 2 bit が I 軸に，残りの 2 bit が Q 軸に割り当てられる。ただし，QPSK では振幅の種類は 2 値（-1 と 1）しかないが，16 QAM の場合は 4 値（-2，-1，1，2）が必要となる。このため，D-A 変換器で 2 bit から 4 値の振幅を得ている。この後，QPSK と同様，ロールオフフィルタを通して直交する $\cos(2\pi f_c t)$ と $\sin(2\pi f_c t)$ を乗算し，その出力を合成することにより，変調波を得る。

この方式は 1 シンボルが 4 bit で構成されているため，帯域幅を一定とすれば BPSK に比べて 4 倍，QPSK に比べて 2 倍の伝送速度が得られる。ただし，信号間距離が短いため，BPSK，QPSK と同じ誤り率を得るためには，電力を高める必要がある。

16 QAM は地上ディジタルテレビ放送において，移動受信と固定受信の両方に使用できる変調方式として採用されている。32 QAM は，1 シンボルが 5 bit（$2^5=32$）と奇数であるため，図 2.23 に示すコンステレーションのように信号点がないポイントが四隅にできる。

（ 2 ） **64 QAM，256 QAM**　　図 2.24 に 64 QAM 変調器の基本構成を，図 2.25 にコンステレーションを示す。図 2.26 は実測コンステレーションである。64 QAM は，1 シンボルが 6 bit で構成されており，D-A 変換部で 8 値（-4，-3，-2，-1，1，2，3，4）をもつ多値信号に変換される。信号電力を同一とすれば，信号間距離が短くなるため，移動受信のような過酷な伝送路には適していないが，伝送速度は BPSK の 6 倍，QPSK の 3 倍と大きい。このため，地上ディジタルテレビ放送においては，高画質が要求される各家庭での固定受信用変調方式として使用されている。

(a) 16 QAM 変調器の基本構成

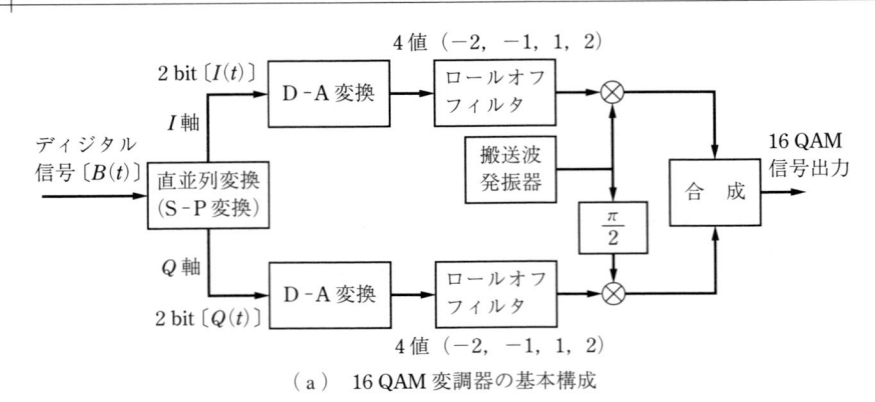

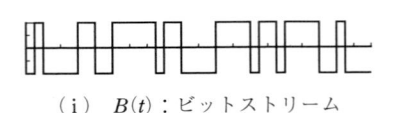

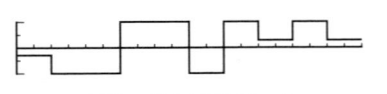

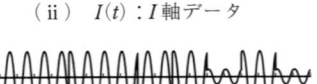

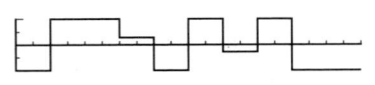

(i) $B(t)$：ビットストリーム

(ii) $I(t)$：I 軸データ

(iii) I 軸 波 形

(iv) $Q(t)$：Q 軸データ

(v) Q 軸 波 形

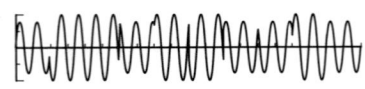

(vi) 16 QAM 信号出力波形 （I軸波形＋Q軸波形）
(b) 16 QAM 変調器の信号波形（ロールオフフィルタなし）

図 2.22 16 QAM 変調器の基本構成と信号波形

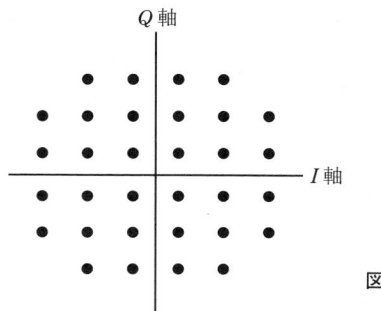

図 2.23 32 QAM 信号の
コンスタレーション

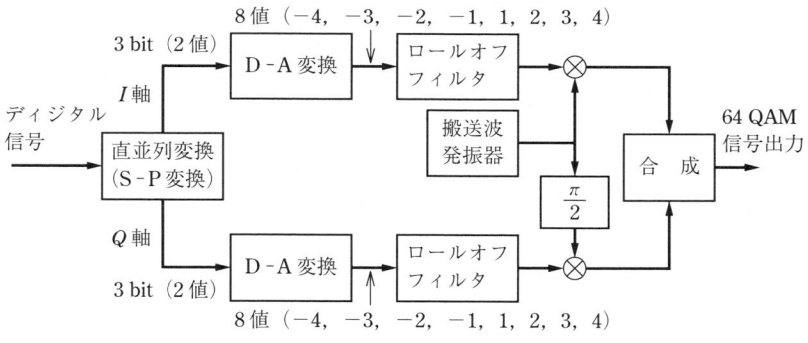

図 2.24 64 QAM 変調器の基本構成

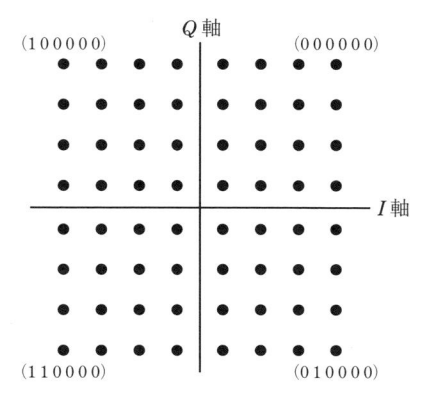

図 2.25 64 QAM 信号のコンスタレーション（グレイコード配置）

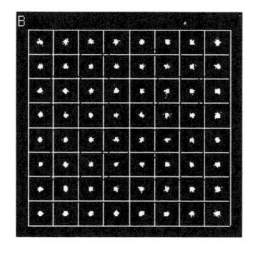

図 2.26 64 QAM 信号の実測コンスタレーション

図 2.27 は多値数をさらに増やして伝送速度を高めた 256 QAM のコンスタレーションである（伝送速度は BPSK の 8 倍）。段階数が 15 と大きいため，よほど伝送条件がよくないと波形ひずみなどによる誤りが発生するおそれがある。このため，実用化された例は少ないが，電話用マイクロ波回線では実際に使用されている[†]。伝送路特性が安定している **CATV**（cable television）では，1 024 QAM の試作もなされている。

なお，M 相 PSK および M 値 QAM の伝送速度は BPSK と比べて $\text{Log}_2 M$ 倍で表される。

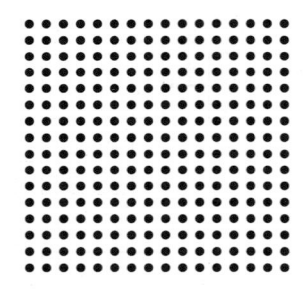

図 2.27 256 QAM のコンスタレーション

2.1.3　信号間距離を同じにするための信号電力比較

同じ**信号間直線距離**（Euclidean distance，**ユークリッド距離**）を得るために各変調方式で必要な信号電力（搬送波電力）を，最も一般的な QPSK と比較して求める。

16 QAM の信号間距離は図 2.20 より QPSK の 1/3 であるから，$20 \log 3 \fallingdotseq$ 9.5 dB となり，同じ伝送距離において信号間距離を QPSK と同じとするためには，9.5 dB 高い信号電力が必要となる。64 QAM についても同様に求めると，図 2.25 より信号間距離は QPSK に比べ 1/7 であるから，$20 \log 7 \fallingdotseq 17$ dB となる。256 QAM では，信号間距離は 1/15 であり，$20 \log 15 \fallingdotseq 23.5$ dB となる。

[†] ヨーロッパのディジタル CATV 放送においても規格化がなされている。

つぎに，**多相 PSK**（multi-phase PSK）について求める。まず 8 PSK については，図 2.28 に示すように QPSK と同一の信号間距離を得るためには，$20 \log \sqrt{2} \sin (\pi/8) \fallingdotseq 5.3\,\mathrm{dB}$ 高い信号電力が必要となる。16 PSK についても同様に求められ，$20 \log \sqrt{2} \sin (\pi/16) \fallingdotseq 11.2\,\mathrm{dB}$ となる。QPSK と同じ信号間距離を得るための信号電力比をまとめて**表 2.1** に示す。

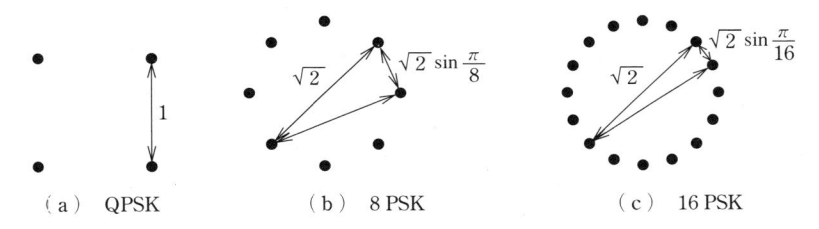

図 2.28　同一の信号間距離を得るための搬送波振幅

表 2.1　QPSK と同じ信号間距離を得るための信号電力比

変調方式	信号電力比〔dB〕	変調方式	信号電力比〔dB〕
QPSK	0	256 QAM	23.5
16 QAM	9.5	8 PSK	5.3
64 QAM	17	16 PSK	11.2

2.1.4　変調波伝送に必要な帯域幅

PSK および APSK の場合，シンボルレート R_s の伝送を行った場合，ナイキスト帯域 $R_s/2$〔Hz〕が図 2.8 に示したように搬送波に対して両側に必要なため，無ひずみ伝送に必要な帯域幅は R_s〔Hz〕となる。したがって，1 シンボルが n〔bit〕で構成されているとすれば，伝送速度 R は nR_s となる。ロールオフ率が α の場合に R〔bps〕伝送するのに必要な伝送帯域幅 B は，式 (2.7) で表される。

$$B = \frac{(1+\alpha)R}{n} \tag{2.7}$$

例えば，$\alpha=0$ において 10 Mbps の信号を QPSK で伝送するとき必要な帯域幅は，1 シンボルが 2 bit で構成されているので，10 Mbps/2＝5 MHz とな

る。20 Mbps の信号を $\alpha=0.2$ の条件で 16 QAM で伝送するとき必要な帯域幅は，(20 Mbps/4)×(1+0.2)＝6 MHz となる。

2.1.5　PSK 信号を帯域制限したときに生じる非線形ひずみ

PSK 信号のスペクトルは，図 2.8 のように無限に広がることから，そのまま伝送すれば隣接する周波数に対して妨害を与えてしまう。このため送信側に**バンドパスフィルタ**（band pass filter，**BPF**）を挿入し，メインローブ以外の成分を除去するが，これにより変調波の包絡線にひずみが生じる。

図 2.29 は，BPF に包絡線が一定で時間 T_p の正弦波パルスを入力したときの出力波形である[12]。BPF を通過した信号はフィルタの応答特性により入力信号がなくなったあともしばらく残るが，つぎのシンボルの位相が反転した場合，振幅が差し引かれる状態となるため，信号の残存期間において包絡線にくびれが生じる。

この信号が非線形をもつ増幅器を通過した場合，除去したはずのサイドローブが再び現れる現象が発生する[4]。

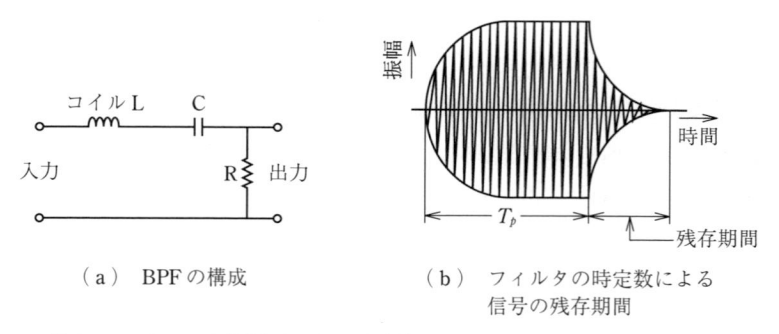

（a）BPF の構成　　（b）フィルタの時定数による信号の残存期間

図 2.29　BPF に包絡線が一定の正弦波パルスを入力したときの出力波形

これを**リグロース**（regrowth）といい，衛星通信・衛星放送のような電力制限系（電力が得られにくく，十分な直線性をもつ増幅器の使用が困難）においては課題となる。

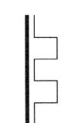

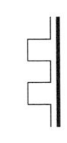

2.2 ディジタル復調方式

ディジタル変調波を復調する方式は二つに大別できる。一つは搬送波を再生して**基準信号**（reference signal）として用いる**同期検波方式**（coherent detection, synchronous detection method）であり，PSK，QAMなどの復調に用いられる。もう一つは搬送波を再生する必要がない**非同期検波方式**（non-coherent detection）である。

非同期検波には，1シンボル前の信号を基準として判定する**差動検波方式**（differential detection method）（PSKなどに使用）や，変調波の振幅で直接判定を行う包絡線検波方式（ASK用），FM復調器の出力レベルの大小で判定する周波数検波方式（FSK用）などがある。

包絡線検波（envelope detection, **エンベロープ検波**）はローパスフィルタを用いて包絡線を取り出し，ベースバンド信号を得る方法である。この方法は**両側波帯振幅変調**（double sideband amplitude modulation）であることが前提であるが，ディジタル伝送ではこの変調方式が用いられることは少なく，使用されることはほとんどない。

2.2.1 同期検波方式

同期検波とは，受信側で受信信号の周波数と位相に同期した基準信号すなわち基準搬送波を再生し，乗算検波することにより信号を復調する方式である。

BPSK用同期検波回路の基本構成を**図2.30**に示す。受信信号は二つに分けられ，分岐した信号から搬送波再生回路によって入力受信信号から変調成分や

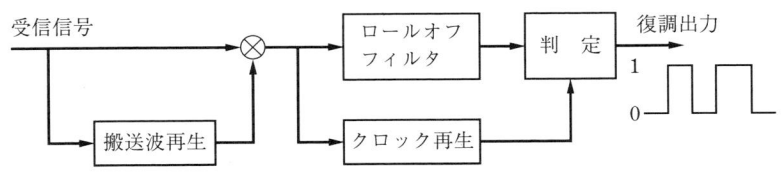

図2.30　BPSK用同期検波回路の基本構成

雑音などを除去し，きれいな搬送波を再生する。この搬送波を基準として位相検波を行うと，もとのベースバンド信号が得られる。

さらにこのベースバンド信号をクロック再生回路に入力し，0か1かのシンボルを判定するタイミングを抽出する。このタイミングパルスでベースバンド信号を判定することにより，送信データを復元する。

同期検波ではこのようにきれいな基準搬送波を用いて検波するため，非同期検波より誤りが起こりにくく，誤り率が同じ場合には信号電力を小さくできる。

〔1〕 **搬送波再生回路**　搬送波再生回路への入力 PSK 信号は変調によって位相が変化しており，このまま中心周波数 f_c のフィルタを通しても，基準となる搬送波信号は得られない。このため，周波数逓倍法（周波数をその整数倍に変換する方法），コスタス法，逆変調法など位相が一定で周波数が f_c の搬送波を得るいろいろな方法が考えられている[2]。

ただし，いずれの方法も搬送波は再生できるものの逓倍により位相情報がなくなることから位相が不確定〔BPSK では 0 と $\pi(=180°)$，QPSK では 0，$\pi/2$，π，$3\pi/2$ の判別が不可能〕となる。このため，以下のような方法が考えられている。

① 既知のビットパターンを送り，位相を確定する。

② 間欠的に搬送波**バースト信号**（burst signal，短時間継続した信号）を送り，基準位相を知らせる。

(1) 周波数逓倍法　図 2.31 に逓倍法による同期検波回路の基本構成を示す[2]。BPSK のように 0 と π に位相変調されている入力信号を 2 逓倍すれば，変調された位相成分も 2 倍され（$0 \to 0$，$\pi \to 2\pi$），位相が一致する。この後，**狭帯域フィルタ**（narrow band filter）を通して雑音成分をカットすれば，位相が一定で周波数が f_c の搬送波が再生される。この搬送波は雑音や振幅変動を含んでいるが，図のように **VCO**（voltage-controlled osillator，電圧制御発振器）と位相比較器などで構成された **PLL**（phase-locked loop）を用いることにより，きれいな信号をつくり出すことができる。

逓倍回路（multiply circuit）としては，ダイオードなど 2 乗特性をもつデ

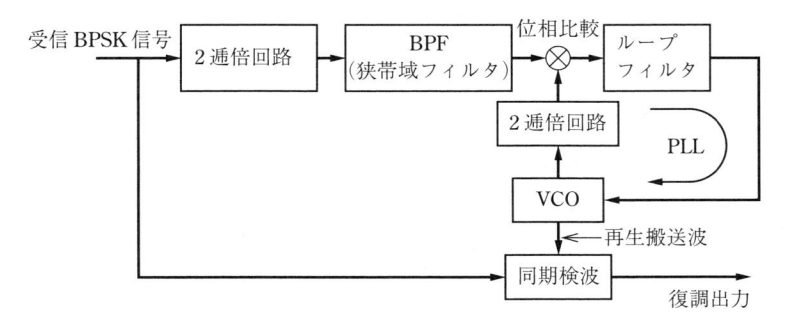

図 2.31　逓倍法による同期検波回路の基本構成

バイスを用いればよく，入力信号が $s_i(t)=\sin(2\pi f_c t + n\pi)$（$n$ は任意の整数）のときの出力信号 $s_0(t)$ は

$$s_0{}^2(t) = k_d \sin^2(2\pi f_c t + n\pi) = \frac{k_d\{1-\cos 2(2\pi f_c t + n\pi)\}}{2}$$

$$= \frac{k_d\{1-\cos(4\pi f_c t + 2n\pi)\}}{2} = \frac{k_d}{2}\{1-\cos(4\pi f_c t)\} \qquad (2.8)$$

となる。ここで k_d は定数である。このように変調内容に無関係で，つねに一定の位相をもつ 2 倍の搬送周波数が再生される。QPSK の場合は 4 逓倍すればよい（$0 \to 0$，$(\pi/2) \times 4 \to 2\pi$，$\pi \times 4 \to 4\pi$，$3\pi/2 \times 4 \to 6\pi$）。

(2) コスタス法　逓倍法はキャリヤを逓倍する方法であるが，**コスタス法**（Costas loop）においては復調したベースバンド信号を逓倍する。信号処理がベースバンド帯で行えるため，IC 化に適しているなどの特長をもつ。**図 2.32** に QPSK 用コスタス形同期検波回路の基本構成を示す[2]。

入力 QPSK 信号〔$\cos(2\pi f_c t + \theta)$〕を同期検波すると，$I$ 軸成分 $\cos(2\pi f_c t + \theta) \times 2\cos(2\pi f_c t) = \cos\theta$ と Q 軸成分 $\cos(2\pi f_c t + \theta) \times 2\sin(2\pi f_c t) = \sin\theta$ が得られる（2 倍波成分は無視）。加算出力と減算出力を乗算すれば式 (2.9) が得られる。

$$(\cos\theta + \sin\theta)(\cos\theta - \sin\theta) = \cos 2\theta \qquad (2.9)$$

したがって，乗算器 3 の出力は係数を無視すれば $\sin 4\theta$ となり，変調内容に依存しない信号（VCO 用制御電圧）が得られる。

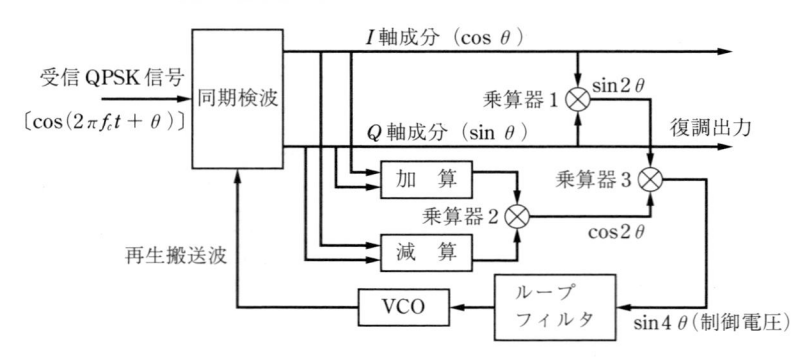

図 2.32 QPSK 用コスタス形同期検波回路の基本構成

〔2〕 **同期検波の動作**

（1） **基 本 動 作**　上記により搬送波が理想的に再生された条件で，図 2.30 の同期検波回路をもとに QPSK 信号を復調する場合について説明する。シンボル長を T，搬送周波数を f_c とすれば，i 番目のシンボル期間の QPSK 信号 $s(t)$ は式 (2.4) から式 (2.10) で表される。

$$s(t) = I(i)\cos(2\pi f_c t) + Q(i)\sin(2\pi f_c t) \tag{2.10}$$

$s(t)$ に再生搬送波 $\cos(2\pi f_c t)$ を掛け合わせれば

$$\begin{aligned}s(t)\cos(2\pi f_c t) &= I(i)\{\cos(2\pi f_c t)\}^2 + Q(i)\sin(2\pi f_c t)\cos(2\pi f_c t)\\ &= \frac{I(i)\{1+\cos(4\pi f_c t)\} + Q(i)\sin(4\pi f_c t)}{2}\end{aligned} \tag{2.11}$$

となる。ここで，$\{\cos(2\pi f_c t)\}^2 = \{1+\cos(4\pi f_c t)\}/2$，$\sin(2\pi f_c t)\cos(2\pi f_c t) = \sin(4\pi f_c t)/2$ である。

$s(t)\cos(2\pi f_c t)$ をシンボル期間 $iT \sim (i+1)T$ で積分し，フィルタを通せば $I(i)/2$ だけが出力に現れる。同様に基準信号 $\sin(2\pi f_c t)$ を乗算し，フィルタを通せば，$Q(i)/2$ が得られる。

なお，再生搬送波の周波数が Δf ずれ，位相も $\Delta\theta$ ずれて，I 軸の基準信号が $\cos\{2\pi(f_c+\Delta f)t+\Delta\theta\}$ となった場合のフィルタ出力も同様に求められ

$$s(t) = \frac{\{I(i)\cos(2\pi\Delta f t + \Delta\theta)\}}{2} \tag{2.12 a}$$

となる。出力は周波数差 Δf でゆるやかに変動する。位相だけが $\Delta\theta$ ずれてい

る場合は

$$s(t) = \frac{\{I(i) \cos \Delta\theta\}}{2} \tag{2.12 b}$$

となり，出力は $\cos \Delta\theta$ 分だけ減少する[12]。

（2） 雑音があるときの動作　　以上は，信号に雑音が含まれない場合であるが，雑音がある場合の動作を考える。搬送周波数を f_c とすれば，雑音電力 $n(t)$ は

$$n(t) = n_I(t) \cos(2\pi f_c t) + n_Q(t) \sin(2\pi f_c t) \tag{2.13}$$

で表される。ここで，$n_I(t)$，$n_Q(t)$ は雑音の同相・直交成分である。

変調信号を $s(t) = A(t) \cos(2\pi f_c t)$ で表し，同期検波すれば

$$\begin{aligned} s_0(t) &= \{s(t) + n(t)\} \cos(2\pi f_c t) \\ &= \{A(t) + n_I(t)\} \cos(2\pi f_c t)^2 + n_Q(t) \sin(2\pi f_c t) \cos(2\pi f_c t) \\ &= \frac{1}{2}[(A(t) + n_I(t)\{1 + \cos(4\pi f_c t)\} + n_Q(t) \sin(4\pi f_c t)] \end{aligned}$$
$$\tag{2.14}$$

となる。ローパスフィルタで2倍の周波数成分を除去すれば式(2.15)を得る。

$$s_0(t) = \frac{1}{2}\{A(t) + n_I(t)\} \tag{2.15}$$

すなわち，同期検波により直交する位相の雑音成分が除去される。これがすべての雑音成分が出力に現れるエンベロープ検波に比べて有利な点である。

2.2.2　差動符号化と差動検波

地上の移動体伝送では，受信電力は大きいもののフェージングなどの影響でレベル変動が大きくなり搬送波再生が困難となることや，**ドップラー効果**（Doppler effect）により受信周波数にずれが生じることなどから，搬送波を再生する必要がない差動検波がよく用いられる。この方式は，位相差をとることから，**差動位相検波**（differential phase detection）または差動検波，あるいは**遅延検波**（delay detection）ともいう。

差動検波においては，1シンボル前の信号を基準位相として用いるが，この

信号は 0° と 180° に位相変調されているため，そのまま検波しても入力ディジタル信号とは異なったものとなる。そこで，そのまま検波すればもとの信号が得られるように送信側で**差動符号化**（differential coding）すなわち **DPSK**（differentially encoded phase shift keying，**差動位相シフトキーイング**）変調され，送信される。

　DPSK は送りたい情報をキャリヤの位相そのものに乗せずに，位相の変化に乗せる方式である。受信側では，連続する 2 bit 分のデータにおいて，位相が反転していなければ"0"，反転していれば"1"と判定する。これにより，受信側で搬送波の周波数・位相がわからなくても復調が可能である。このように伝送された信号自身を検波して用いるために搬送波再生回路が不要であり，復調回路が簡単となる。

　ただし，同期検波の基準位相はキャリヤ再生回路により雑音やひずみが取り除かれるのに対して，遅延検波では 1 シンボル前の信号が基準となるため，雑音やひずみがある信号どうしで検波を行うこととなり，受信 CNR 対誤り率は同期検波に比べ約 3 dB 劣化する[7]。このため，衛星伝送など電力が制限され，受信電力が大きくとれない系では同期検波が用いられる。

　DBPSK 変調された場合の差動検波回路の基本構成，および差動検波動作を**図 2.33** に示す。受信信号は二つに分けられ，一方は 1 シンボル遅延された後，乗算器に入力される。検波出力は再生されたクロック信号により判定回路で"0"と"1"の判定がなされ，ディジタル信号が正しく受信される。

　例として，送信信号を a_i とし，i 番まで mod.2 で加算（加算後いちばん下の桁の数値だけとる）された信号 b_i で変調を行う方式を説明する[7]。式で表せば，式 (2.16) のようになる。

$$b_i = b_{i-1} + a_i \quad (\text{mod.2 計算法}) \tag{2.16}$$

　図 2.33 に（1 0 0 1 1 0）の送信信号が入力された場合の加算出力と送信位相を示す。例えば，b_3 と b_4 は次式となる。

$$b_3 = b_2 + a_3 = 1 + 0 = 1, \quad b_4 = b_3 + a_4 = 1 + 1 = 0$$

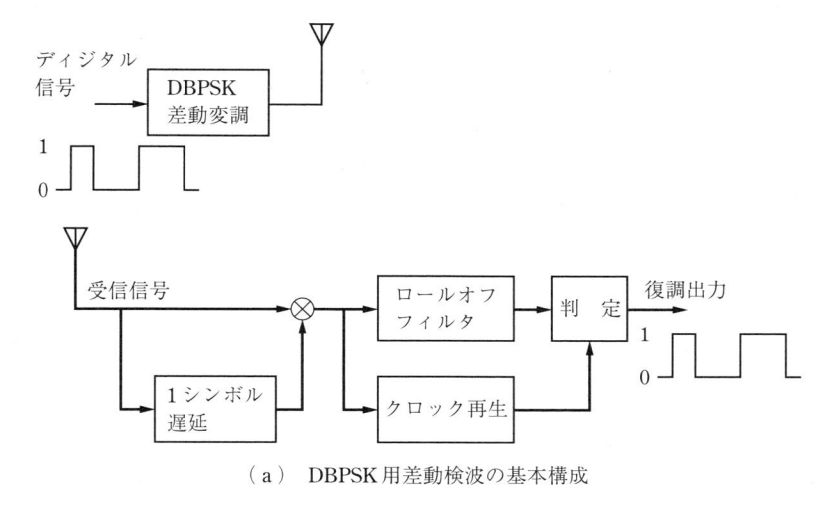

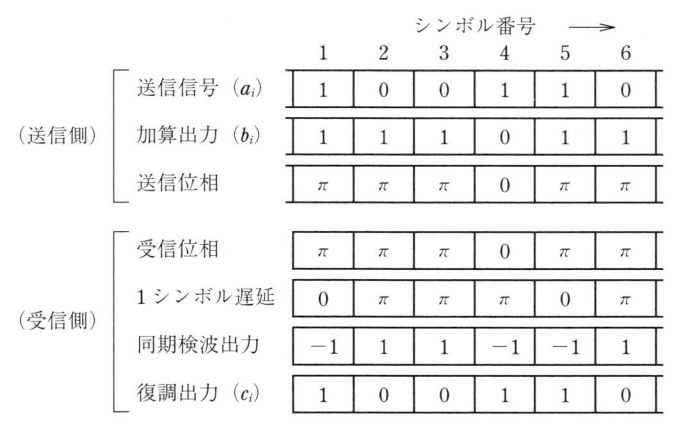

(a) DBPSK用差動検波の基本構成

	シンボル番号 →	1	2	3	4	5	6
(送信側)	送信信号 (a_i)	1	0	0	1	1	0
	加算出力 (b_i)	1	1	1	0	1	1
	送信位相	π	π	π	0	π	π
(受信側)	受信位相	π	π	π	0	π	π
	1シンボル遅延	0	π	π	π	0	π
	同期検波出力	-1	1	1	-1	-1	1
	復調出力 (c_i)	1	0	0	1	1	0

(b) 差動検波動作

図 2.33 DBPSK の差動変調と差動検波回路の基本構成，および差動検波動作

受信側では，受信信号と1シンボル前の信号が同じ位相であれば"0"，180°異なれば"1"を出力することにより，もとのディジタル信号が得られる。

以上のように差動変調された信号に対しては，差動検波が必ず必要である。

差動検波は一般に振幅に情報をもっていない信号（BPSK，QPSK など）に対してのみ有効である。

2.3　PSK および QAM 変調方式の誤り率特性

雑音が加わった変調信号を理想的に同期検波したとき（絶対同期検波）の振幅方向における雑音の存在確率は，図1.7に示した確率密度関数（ガウス分布）で表される。図2.34（a）に示す BPSK 信号においては I 軸方向の振幅が判定領域までの距離 A を超える雑音が加わると誤りが発生する。この場合の誤り率 p は式（2.17）で表される。

$$p = \frac{1}{2} \, \mathrm{erfc}\left(\frac{A}{\sqrt{2\,\sigma^2}}\right) \tag{2.17}$$

ここで，搬送波電力 C は，$C = A^2/2$（負荷抵抗を $1\,\Omega$ とする），雑音電力 N は σ^2 であるから，BPSK の誤り率 p_{BPSK} は式（2.18）で表される。

$$p_{\mathrm{BPSK}} = \frac{1}{2} \, \mathrm{erfc}\left(\sqrt{\frac{C}{N}}\right) \tag{2.18}$$

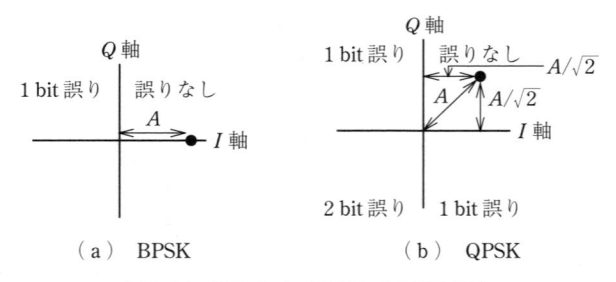

（a）　BPSK　　　　（b）　QPSK

図 2.34　BPSK と QPSK での誤り発生

QPSK については，BPSK と同様に隣り合う二つの信号点で誤り率を算出すればよい。ただし，I 軸と Q 軸を用いているので，平均電力を同じとすれば振幅は BPSK の $1/\sqrt{2}$ になるため

$$p_{\mathrm{QPSK}} = \frac{1}{2} \, \mathrm{erfc}\left(\sqrt{\frac{C/N}{2}}\right) \tag{2.19}$$

となる。すなわち，同じ誤り率を得るためには信号電力を2倍（3 dB）高め

2.3 PSK および QAM 変調方式の誤り率特性

る必要がある。なお，図（b）に示す QPSK の位相平面において隣接領域に入った場合は，1 bit 誤り，原点と対称な領域では 2 bit 誤りとなるが，ガウス雑音の場合はほとんど隣接領域誤りであり，1 bit 誤りの場合についてのみ考えてよい。

16 QAM，64 QAM などについても同様な方法で求めることができ，k_1，k_2 を変調方式によって決まる定数とすれば一般的に式（2.20）で表される[2]。

$$p = k_1 \operatorname{erfc}\left(k_2 \sqrt{\frac{C}{N}}\right) \tag{2.20}$$

2.3.1 誤り率の係数 k_1 の算出

BPSK，QPSK については以上のように $k_1 = 1/2$ である。16 QAM，64 QAM など振幅に情報をもつ変調方式の場合には，複数の判定点（しきい値）が存在し，多少複雑となる。図 2.35 に示す 16 QAM 信号の確率密度関数を例に k_1 を算出する[5]。

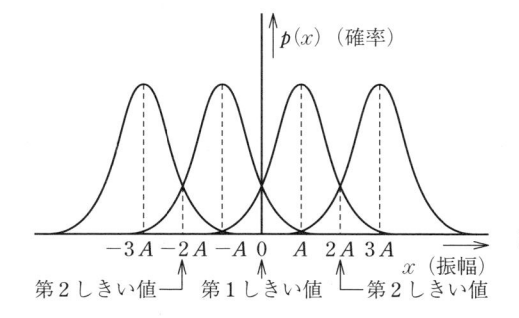

図 2.35　16 QAM 信号の確率密度関数

16 QAM 信号には二つのしきい値があり，図に示す 4 個の信号の発生確率を同じとすれば，第 1 しきい値に関する誤り率 p_1 と第 2 しきい値に関する誤り率 p_2 は式（1.2）からそれぞれ式（2.21），（2.22）で表される。

$$p_1 = \frac{1}{2}\left\{\frac{1}{2}\operatorname{erfc}\left(\frac{A}{\sqrt{2\,\sigma^2}}\right) + \frac{1}{2}\operatorname{erfc}\left(\frac{3A}{\sqrt{2\,\sigma^2}}\right)\right\}$$

　└── 各軸において 1 シンボルが，
　　　2 ビットで構成されているため

$$\fallingdotseq \frac{1}{4} \operatorname{erfc}\left(\frac{A}{\sqrt{2}\,\sigma}\right) \quad (\text{誤り発生は隣接シンボル間のみと仮定}) \tag{2.21}$$

$$p_2 = \frac{1}{2} \operatorname{erfc}\left(\frac{A}{\sqrt{2}\,\sigma}\right) \quad (\text{同上}) \tag{2.22}$$

すなわち，第2しきい値に関する誤り率は，第1しきい値に関する誤り率の2倍となる。平均の誤り率 $p_{16\,\mathrm{QAM}}$ は

$$p_{16\,\mathrm{QAM}} = \frac{p_1 + p_2}{2} = \frac{3}{8} \operatorname{erfc}\left(\frac{A}{\sqrt{2}\,\sigma^2}\right) \tag{2.23}$$

となり，$k_1 = 3/8$ となる。同様に求めると，64 QAM では 7/24，256 QAM では，15/64 となる。以上から，BPSK と QPSK 以外は近似式となる[†]。近似式でない場合は CNR を限りなく小さくすれば 0.5（確率＝1/2）となる。

2.3.2　誤り率の係数 k_2 および誤り率の算出

k_2 は QPSK の例で示したように，いずれの変調方式においても平均電力が同じになるように信号レベルを正規化するための値である。BPSK の搬送波電力を1（基準）として値を求める。QPSK，$\pi/4$ シフト QPSK の場合は，I 軸と Q 軸を使用しているので，それぞれのレベルを Z とすれば，同一電力とするためには式 (2.24) が成り立つ必要がある。

$$2Z^2 = 1 \tag{2.24}$$

すなわち，$Z = 1/\sqrt{2}$ とすれば BPSK の場合と同一電力となる。

16 QAM（図 2.20）の場合は，2 段階のレベルをもつので，各レベルの出現確率を同じとすれば，式 (2.25) が成り立ち

$$\frac{2\{Z^2 + (3Z)^2\}}{2} = 1 \tag{2.25}$$

$Z = 1/\sqrt{10}$ が得られる。

64 QAM の場合は，図 2.25 のように 4 段階のレベルをもち

$$\frac{2\{(2Z)^2 + (3Z)^2 + (5Z)^2 + (7Z)^2\}}{4} = 1 \tag{2.26}$$

[†] 低 CNR 時にはシンボル誤り率＝ビット誤り率が成り立たなくなり，誤差が大きくなる。

2.3　PSK および QAM 変調方式の誤り率特性

が成り立つことから，$Z=1/\sqrt{42}$ となる。

256 QAM の場合も同様に求めることができ，$Z=1/\sqrt{170}$ となる。以上から各変調方式について平均電力を一定にした場合の CNR と誤り率の関係は

$$p_{\text{BPSK}} = \frac{1}{2}\,\text{erfc}\left(\sqrt{\frac{C}{N}}\right) \tag{2.27}$$

$$p_{\text{QPSK}} = \frac{1}{2}\,\text{erfc}\left(\sqrt{\frac{C/N}{2}}\right) \tag{2.28}$$

$$p_{\text{16QAM}} \fallingdotseq \frac{3}{8}\,\text{erfc}\left(\sqrt{\frac{C/N}{10}}\right) \tag{2.29}$$

$$p_{\text{64QAM}} \fallingdotseq \frac{7}{24}\,\text{erfc}\left(\sqrt{\frac{C/N}{42}}\right) \tag{2.30}$$

$$p_{\text{256QAM}} \fallingdotseq \frac{15}{64}\,\text{erfc}\left(\sqrt{\frac{C/N}{170}}\right) \tag{2.31}$$

となる。式（2.27）〜（2.31）により受信 CNR に対する各変調方式の誤り率（BER）を求めたものを図 2.36 に示す。伝送速度が高まるトレードオフとして QPSK に比べて 16 QAM は約 7 dB，64 QAM では約 13 dB 高い CNR が必要となる（誤り率が 1×10^{-8} の場合）。

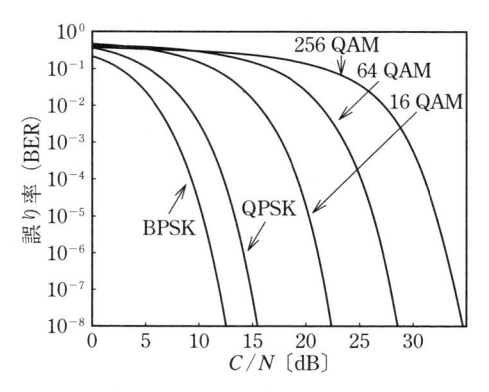

図 2.36　CNR に対する各変調方式の誤り率（BER）

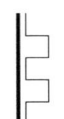

2.4 CNRとSNRおよびE_b/N_0との関係

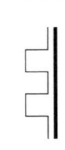

2.4.1 CNRとSNR

CNRとともに信号品質を評価する際によく使われるものにSNRがある。CNRは変調された信号の品質を表すのに対して，SNRはベースバンド信号の品質を表すのに用いられる。

BPSK信号とQPSK信号の包絡線振幅をAとすれば，ベースバンドでの信号電力は，BPSKでは，A^2（負荷抵抗は1Ω），QPSKでは$A^2/2$（I，Qそれぞれの軸の電力）である。

一方，搬送波電力については，BPSKでは，$A^2/2$（正弦波のため），QPSKも同様に$A^2/2 [=A^2/4 (I軸)+A^2/4 (Q軸)]$となる。雑音電力はベースバンド帯と搬送周波数帯で同じである[5]ため，QPSKではSNRとCNRは一致し，BPSKではCNRのほうが3dB低い値となる。

2.4.2 CNRとE_b/N_0および周波数利用効率の関係

変調方式のガウス雑音に対する強さは，すべてE_b/N_0（受信1bit当りのエネルギー〔J〕/1Hz当りの雑音電力N〔W〕）で決まる。搬送波電力をC，雑音電力をN，シンボル長をT，帯域幅をB〔Hz〕，1シンボル当りのビット数をnとすれば，Tの期間におけるエネルギーはnE_bであるから，CNRとE_b/N_0の関係は式(2.32 a)で表される。

$$\frac{C}{N} = \frac{nE_b/T}{N_0 B} = \frac{n/T}{B} \cdot \frac{E_b}{N_0} \tag{2.32 a}$$

n/Tは1秒当り伝送できるビット数であり，伝送速度（伝送容量）を表している。これをR〔bps〕とすれば式(2.32 b)が成り立つ。

$$\frac{C}{N} = \frac{R}{B} \cdot \frac{E_b}{N_0} \tag{2.32 b}$$

R/Bは1秒・1Hz当り伝送できるビット数であり，周波数利用効率を表し

ている。ここで，E_b は受信電力とビットレート，N_0 は検波方式と受信機の **NF**（noise figure：**雑音指数**）[†1] などによって決まる。

BPSK では1シンボルが1bit で構成されているため，周波数利用効率＝1 となり，誤り率に対して CNR と E_b/N_0 は同じ特性となる。

QPSK では周波数利用効率＝2 であるため，$C/N=2E_b/N_0$ となり，3 dB の差が生じる。

図 2.37 に，各変調方式の CNR に対する周波数利用効率と式（2.33）に示したシャノンの伝送容量に対する比を示す[2)]。ここで，誤り率は 1×10^{-8} としている。

シャノンの限界

シャノン（C.E.Shannon）は，**白色ガウス雑音**（white Gaussian noise）において信号電力 C と雑音電力 N が与えられた場合，任意の小さい誤り率で伝送できる**伝送容量**（伝送速度）R〔bps〕は式（2.33）で示されることを示した[5)]。ここで，B は伝送帯域幅である。

$$R = B \log_2 \left(1 + \frac{C}{N}\right) \tag{2.33}$$

式（2.33）に $C/N = (R/B)(E_b/N_0)$ を代入すれば，式（2.34）を得る。

$$\frac{R}{B} = \log_2 \left\{1 + \left(\frac{R}{B}\right)\left(\frac{E_b}{N_0}\right)\right\} \tag{2.34}$$

式（2.33）は B を大きくして，かつ時間をかければ情報はいくらでも伝送できることを示している。しかし，式（2.34）から B に比例して雑音電力 BN_0 も増大するため，B を大きくした極限，すなわち $R/B \to 0$ においては，$E_b/N_0 = -1.6$ dB となる[†2]。これを**シャノンの限界**（Shannon limit）という。

[†1] NF は，（入力信号電力／入力雑音電力）／（出力信号電力／出力雑音電力）で定義される。この場合は，受信機で発生する雑音による入出力間の CNR 劣化量を表す。

[†2] $R/B = \alpha$ とすれば，$2^\alpha = 1 + \alpha(E_b/N_0)$，自然対数で表せば，$\alpha \log_e 2 = \log_e\{1 + \alpha \times (E_b/N_0)\}$ が成り立ち，$e^{\alpha \log_e 2} = 1 + \alpha(E_b/N_0)$ を得る。

$$e^{\alpha \log_e 2} = 1 + \alpha \log_e 2 + \frac{(\alpha \log_e 2)^2}{2} + \cdots$$

であり，α が十分小さいとすれば，$\log_e 2 = E_b/N_0$ が成り立つ。$e \fallingdotseq 2.718$ を代入すれば，$E_b/N_0 \fallingdotseq 0.693 (-1.6$ dB$)$ となる。

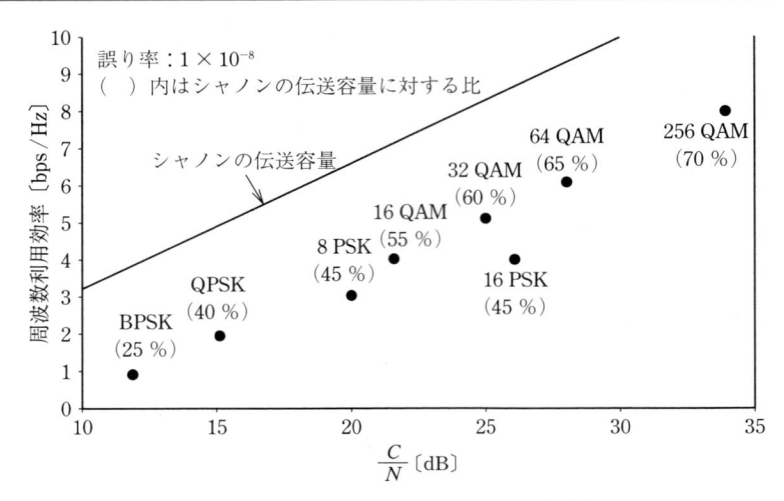

図 2.37 各変調方式の CNR に対する周波数利用効率とシャノンの伝送容量に対する比

BPSK では 25 %，QPSK では 40 % で，より周波数利用効率が高い 64 QAM でも 65 %程度となっている。なお，この値は誤り訂正をかけていない場合であり，誤り訂正（2.7 節）と組み合わせることにより，向上させることは可能である。

2.4.3　CNR と E_b/N_0 の使い分け

E_b/N_0 には帯域幅は含まれていない。このことは E_b/N_0 で各変調方式を比較する場合，帯域幅は可変である，すなわち自由にとれることを意味している。例えば，帯域幅を制限せず同一の誤り率を得るための E_b/N_0 を BPSK と QPSK を比較した場合，QPSK はシンボル長が BPSK の 2 倍であるため，ビット当りのエネルギーは 2 倍となる。ただし，I，Q の 2 軸で伝送するため，電力は 1/2 となり，E_b/N_0 は同じとなる。すなわち，E_b/N_0 に対する誤り率のカーブは一致する。

一方，16 QAM の場合は，2 段階のレベルをもっており，信号間距離が短くなる分だけ誤り率が劣化する。このため，BPSK，QPSK に比べて 4 dB 高い

電力†が必要となる。

このように帯域が自由にとれる場合の変調方式の比較は，E_b/N_0 で行ったほうが便利であり，電力効率がよい（同じ誤り率において最もエネルギーが少なくてすむ）方式が即座にわかる。

例えば，衛星伝送のように帯域は余裕があるが，電力供給に制限があるような場合は，E_b/N_0 対誤り率で評価したほうがよい。しかし，地上の伝送システムでは帯域幅に制限がある場合が多く，CNR で評価する場合が多い[2]。

2.5 その他の変調方式

2.5.1 VSB 方 式

VSB（vestigial sideband, **残留側波帯**）方式はアメリカの地上ディジタルテレビ放送の変調方式に採用されており，変調区分でいえば多値 ASK にあたるもので，**パルス振幅変調**（pulse amplitude modulation, **PAM**）の一種である。位相には情報は乗せられていない。

単に振幅変調した場合は図 2.38（a）に示す DSB のように搬送波の上下に**両側帯波**（double sideband, **DSB 波**）が生じ，アナログ変調においても AM ラジオ放送がこの方式で放送されている。両側帯波の情報は同じであることから，周波数の有効利用の面から片方をカットした方式を **SSB**（single sideband）方式〔図（b）〕という。しかし，片方を完全にカットするフィルタの実現は非常に困難である。

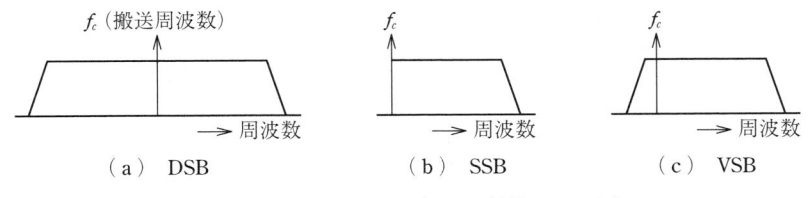

（a） DSB　　　　（b） SSB　　　　（c） VSB

図 2.38　DSB，SSB および VSB 信号のスペクトル

---

† 16 QAM のシンボル長は QPSK の 2 倍であるが，信号間距離が短い分 7 dB 高い電力が必要となり，差し引くと 4 dB となる。

VSB方式は，図(c)のように搬送周波数近傍のスペクトルのみを両側波伝送する方式であり，フィルタの設計は容易となる。同様な方式はアナログテレビ放送にも採用されている。

VSBには信号のあるなしで情報を伝送する2 VSB，振幅方向を多値化し，周波数利用効率を高めた4 VSB，8 VSB，16 VSBなどがあり，アメリカの地上ディジタルテレビ放送用には8 VSBが使用されている。

16 VSBの伝送容量は8 VSBの2倍であるが，信号間距離が短くなる分，雑音などの影響を受けやすくなる。このため，アメリカにおいてはケーブルなど雑音の影響が小さく回線特性が比較的安定しているところに利用されている。

〔1〕 **多値VSB変復調器**　　図2.39(a)に**8 VSB**変復調器の基本構成と変調信号および周波数スペクトルを示す[9]。入力信号を3 bitごとに1組(1シンボルが3 bit)とし，2値/8値変換により，8値〔$a_0 \sim a_7$〕に変換する。この8値信号で搬送波を振幅変調すれば，両側波帯をもつ信号が得られる。帯域を有効利用するため，アナログテレビでも採用されている**SAW**(surface acoustic wave，**弾性表面波**[†])を利用したVSBフィルタ($\alpha \fallingdotseq 0.115$のロールオフフィルタ)を用いることにより，図(b)の8 VSB信号を得ている。

図(c)に8 VSB信号の周波数スペクトルを示す。受信側の同期用として，搬送波の位置に低電力のパイロット信号を付加しており，受信側ではこの信号を用いて同期用の搬送波を再生し，同期検波により8値データ信号を復調した後，パルスの振幅のみを判定することにより，データを復元する。

この方式は6 MHzの伝送帯域幅で10.76メガシンボル/s〔メガ(mega) = 10^6〕すなわち，32.28 Mbps〔10.76メガシンボル/s×3(周波数利用効率)〕のデータを送ることができる。誤り訂正用ビットを除く有効ビットレートは約19.4 Mbpsである。QAMは同相軸と直交軸の2軸で同時伝送するのに対して，VSBは同相軸のみによる伝送となるため，伝送できる情報は1/2となる。

[†] 弾性表面波(音波)を利用したフィルタ，振幅特性，位相特性を独立して設計でき，また，音波速度が数 km/sのため小型化できる。

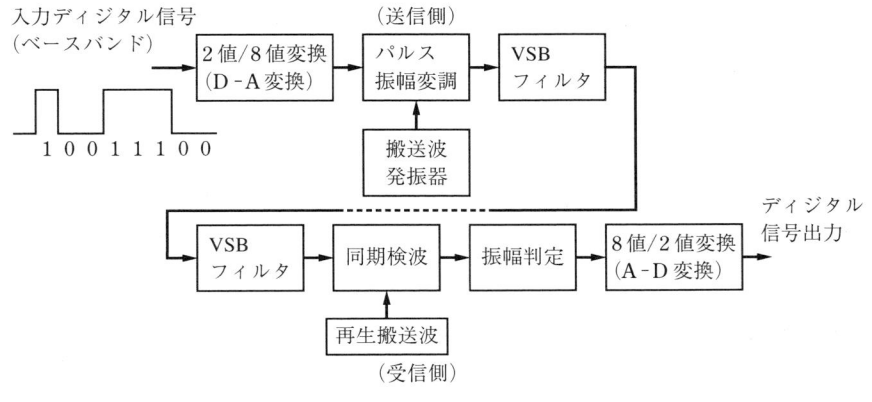

(a) 8 VSB 変復調器の基本構成

(b) 8 VSB の変調信号

(c) 8 VSB 信号の周波数スペクトル

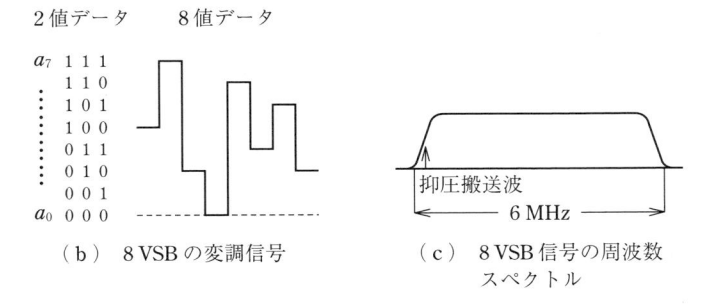

図 2.39 8 VSB 変復調器の基本構成と変調信号および周波数スペクトル

このため，片側波のみ伝送することで 64 QAM とほぼ同じ周波数利用効率を得ている。

〔2〕 VSB 方式と各変調方式の周波数利用効率の比較　表 2.2 は VSB 方式と各変調方式との周波数利用効率を比較したものである。ロールオフフィ

表 2.2 VSB 方式と各変調方式との周波数利用効率の比較

変調方式	周波数利用効率〔bps/Hz〕	変調方式	周波数利用効率〔bps/Hz〕
BPSK	1	2 VSB	2
QPSK	2	4 VSB	4
16 QAM	4	8 VSB	6
64 QAM	6	16 VSB	8
256 QAM	8		

ルタが理想的な場合は，帯域幅を B〔Hz〕とすれば，BPSK では 1 シンボルで 1 bit 伝送でき，伝送速度は B〔bps〕である。64 QAM では，1 シンボルで 6 bit 伝送できるため，伝送速度は $6B$〔bps〕となる。

一方，通常の AM 変調では搬送波の両側にスペクトルが広がるため，帯域が B〔Hz〕の場合は BPSK と同様に B〔bps〕の伝送が可能である。

VSB 方式では，片側の側波帯をカットするため，理想的な場合は $2B$〔bps〕まで伝送できる。8 VSB の場合は，1 シンボルで 3 bit が伝送可能であり，QAM 伝送速度は 64 QAM と同じ $6B$〔bps〕となる。周波数利用効率は，伝送速度を帯域幅で割ったものであり，表 2.2 に示す値が得られる。

〔3〕 **多値 VSB 方式の特長**　以上から多値 VSB 方式の特長をまとめると，つぎのようになる[6]。

① 周波数利用効率が一定の条件で多値 VSB と QAM を比較するとガウス雑音に対する誤り率は同程度である。例えば，8 VSB と 64 QAM は同程度の性能となる。

② QAM では位相ひずみが生じた場合，直交性が保たれなくなり特性が劣化するが，多値 VSB では位相に情報が乗せられていないため，このようなことはない。

③ QAM は同相成分と直交成分の二つの軸をもつため，それぞれについて波形等化回路が必要となるが，多値 VSB では 1 系統でよい。

2.5.2　OQPSK

QPSK では図 2.40 に示すように，I 軸（同相軸）のデータと Q 軸（直交軸）のデータは同時刻に切り替わることがあり，位相の変化点で原点を通るこ

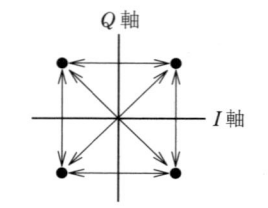

図 2.40　QPSK の動作

とが起こりうる。このため図 2.29 に示したように包絡線に急激な変化が生じ，飽和増幅器など非線形伝送路ではロールオフフィルタで帯域制限しても，スペクトルの再生が起こり，**スプリアス放射**（spurious radiation）の原因となる。ここで，スプリアス放射とは本来の電波以外に高調波，低調波などほかの周波数の電波が放射されることで，ほかの通信への妨害を防ぐため，法規によって許容値が厳しく規定されている。**オフセット QPSK（OQPSK）** は，I 軸と Q 軸間に 1/2 シンボルの遅延を与えることにより，I 軸と Q 軸が同時に切り替わらないようにした方式である。原点を通ることがなく，包絡線の急激な変動がなくなるため，スペクトルの再生を抑えることができ，増幅器の直線性が十分とれない衛星通信などで用いられる。

　OQPSK では，**図 2.41** のように両シンボルの変化時刻が 1/2 シンボル時間だけずれている[9]。すなわち，一方のチャネルのディジタル信号が変化する時点では，他方のチャネルは変化しない。これは両チャネル間の**ハミング距離**（hamming distance，二つのデータ間で "0" と "1" を何回反転させれば一致するかを示す距離）が 1 ということであり，OQPSK 信号の位相は**図 2.42** のように変化する。図から明らかなように OQPSK 信号の位相変化量の最大値は $\pi/2$ となる。

　この値は QPSK の最大位相変化量の 1/2 であり，振幅変化量（ベクトルの

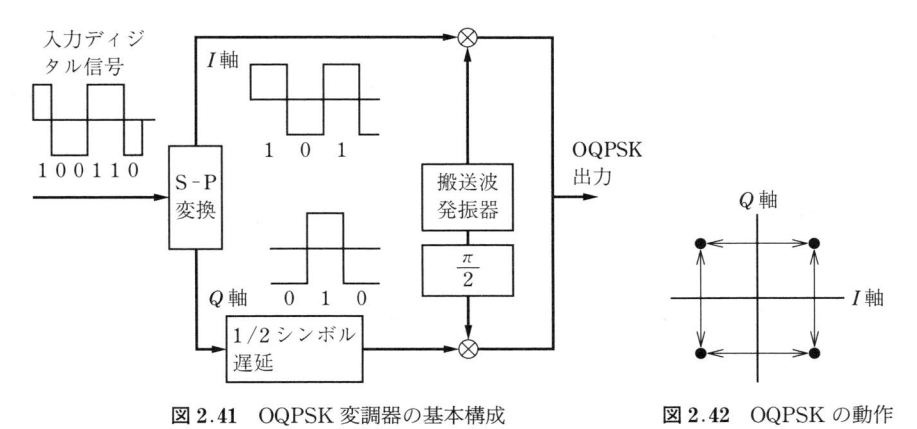

図 2.41　OQPSK 変調器の基本構成　　　　図 2.42　OQPSK の動作

長さ）はQPSKに比べて小さく抑えられる。このため，入力と出力間に非線形特性をもつ電力増幅器などを通過したときに生じる電力スペクトルの拡大をQPSKに比べて低く抑えることができる。

OQPSKのベースバンド信号は，QPSKと同じ方形波であるので，電力スペクトルはQPSKと同じである。なお，OQPSKはシンボルにオフセットがあるために差動検波が不可能であり，同期検波が用いられる。この場合の誤り率特性は，QPSKの同期検波時の誤り率と同じである。

2.5.3　$\pi/4$シフトQPSK

OQPSKはシンボルにオフセットがあるために差動検波ができない。この対策としてシンボルの遷移を$\pm\pi/4$，$\pm3\pi/4$とした**$\pi/4$シフトQPSK**があり，自動車電話の変調方式などに利用されている。$\pi/4$シフトQPSKは，図2.43に示すようにシンボルの位相変化量を変調器に入力される2bitのデータ〔(0 0)，(0 1)，(1 1)，(1 0)の4種類〕によって決める方式である[9]。

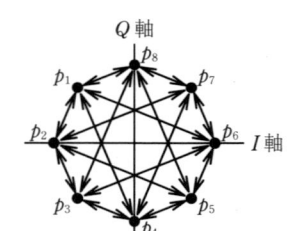

図2.43　$\pi/4$シフトQPSKの信号点遷移

表2.3は地上ディジタル放送で使用されている$\pi/4$シフトQPSKのデータに対する位相変化量の例を示したものである[8]。(0 0)のときは$\pi/4$，(0 1)のときは$-\pi/4$，(1 1)のときは$-3\pi/4$，(1 0)のときは$3\pi/4$変化するよう

表2.3　$\pi/4$シフトQPSKのデータに対する位相変化量
(地上ディジタルテレビ放送の例)

データ内容	0 0	0 1	1 1	1 0
位相変化量	$\dfrac{\pi}{4}$	$-\dfrac{\pi}{4}$	$-\dfrac{3\pi}{4}$	$\dfrac{3\pi}{4}$

に決められている。

例えば，図 2.42 においてシンボル 1 の信号点である p_1 からは，p_2，p_4，p_6，p_8 のいずれかのポイントに移ることになるが，p_1 のシンボル内容が（0 1）の場合，つぎのシンボルでは p_2 に移ることになる（$-\pi/4$ シフト）。このように位相遷移が原点を通らないので，$\pi/4$ シフト QPSK は，QPSK に比べて包絡線の変動が小さい。このため OQPSK と同様，非線形伝送路に強い特長をもつ。

また，QPSK や OQPSK はシンボル内容によっては位相が変化しない場合もあるが，$\pi/4$ シフト QPSK はその動作原理からシンボルごとに必ず位相が変化するため，シンボル間隔の同期信号（クロック）を生成しやすい利点もある。

$\pi/4$ シフト QPSK は，同期検波をした後，I 軸，Q 軸出力を差動復号することにより復調することも可能であるが，一般的には差動検波（遅延検波）が用いられる。誤り率特性は，QPSK，OQPSK と同じである。

2.5.4 FSK・MSK 系変調方式

FSK（frequency shift keying，周波数シフトキーイング）は，2 値（0 1）のディジタルデータに合わせて搬送周波数を変化させ，情報を伝送する方式である。図 2.44 に示すように VCO（電圧制御発振器）あるいは複数の発振器を切り替えることにより変調器を構成でき，受信もそれぞれの周波数を選択するためのバンドパスフィルタがあればよい。なお，VCO を用いれば周波数の切替時点で位相が不連続とならないため，通常 VCO が用いられる。

FSK は基本的に FM の一種なので振幅は一定である。このため，非線形伝送路に強いが，所要帯域幅が広くなる欠点がある。**MSK**（minimum shift

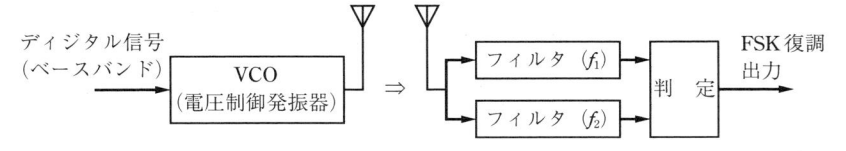

図 2.44　FSK による伝送の基本構成

keying）は FSK のなかで最も帯域幅が狭くてすむ信号であり，QPSK と同様に直交性をもつ．

〔1〕 **MSK の直交性**　ディジタル信号（0，1）によって変調された信号を $v_1(t) = \cos(2\pi f_1 t + \phi_1)$，$v_2(t) = \cos(2\pi f_2 t + \phi_2)$ とする．$v_1(t)$ と $v_2(t)$ がたがいに干渉しない（直交する）条件は，シンボル長を T とすれば，式 (2.35) が成り立つ必要がある[7]．

$$\int_0^T v_1(t) v_2(t) dt = \int_0^T \cos(2\pi f_1 t + \phi_1) \cos(2\pi f_2 t + \phi_2) dt$$

$$= \frac{1}{2} \int_0^T \cos\{2\pi(f_1+f_2)t + \phi_1 + \phi_2\} + \cos\{2\pi(f_1-f_2)t + \phi_1 - \phi_2\} dt$$

$$= \frac{1}{2}\left[\frac{\sin\{2\pi(f_1+f_2)T\} + \phi_1 + \phi_2}{2\pi(f_1+f_2)}\right] + \left[\frac{\sin\{2\pi(f_1-f_2)T\} + \phi_1 - \phi_2}{2\pi(f_1-f_2)}\right] = 0$$
(2.35)

f_1，f_2 は十分大きいので，第1項は0となり，直交条件を満たすためには，$\sin\{2\pi(f_1-f_2)T\} + \phi_1 - \phi_2 = 0$ となればよい．積分開始点で，位相が連続であれば（VCO を使用）$\phi_1 - \phi_2 = 0$ となるので，このときの直交条件は

$$2\pi(f_1-f_2)T = n\pi \tag{2.36}$$

となる．n は1以上の任意の整数であるが，(f_1-f_2) は直交条件を満たした状態で，できる限り小さいほうがスペクトルの広がりが少なくてすみ，電波を有効に利用できる．したがって，$n=1$ である $(f_1-f_2)T = 0.5$ が望ましい．ここで，$(f_1-f_2)T$ は**変調指数**（modulation index）を表しており，このように，変調指数を設定した FSK を MSK と呼ぶ．この場合，搬送波との周波数差は $\pm(f_1-f_2)/2$ であり，位相変化量 $\Delta\theta$ は，$\Delta\theta = \pm 2\pi(f_1-f_2)t/2 = \pm \pi t/(2T)$ となる．

〔2〕 **MSK の動作**　以上から任意のシンボル i における MSK 信号 $s(t)$ は，振幅を A（定数），初期位相を0とすれば，式 (2.37) で表される．

$$s(t) = A\sin\left(2\pi f_c t \pm \frac{\pi t}{2T}\right) \quad (i-1)T \leq t \leq iT \tag{2.37}$$

三角関数の公式から

$$s(t) = A\left\{\cos\left(\frac{\pi t}{2\,T}\right)\sin(2\,\pi f_c t) \pm \sin\left(\frac{\pi t}{2\,T}\right)\cos(2\,\pi f_c t)\right\} \quad (2.38)$$

となる。このように I 軸〔$\cos(2\,\pi f_c t)$〕と Q 軸〔$\sin(2\,\pi f_c t)$〕の和で信号を表すことができる。図 2.45 に MSK を直交変調信号と見なしたときの I 軸と Q 軸の変調波形を示す[3]。MSK はこのように直交性をもっていることから，FSK の一種でありながら QPSK と同じように同期検波も可能である。

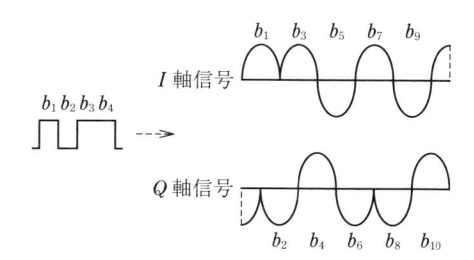

図 2.45　MSK 変調信号波形

ただし，I 軸と Q 軸の変化点は 1 bit ずれている。また，式 (2.38) は QPSK 信号の方形波に代えて正弦波を用いた式に相当することから，電力スペクトルのサイドローブは図 2.46 のスペクトル比較に示すように QPSK よりも急峻に減衰する[†1]。

ただし，メインローブのスペクトルの幅は QPSK の 1.5 倍[†2]となり，ロール

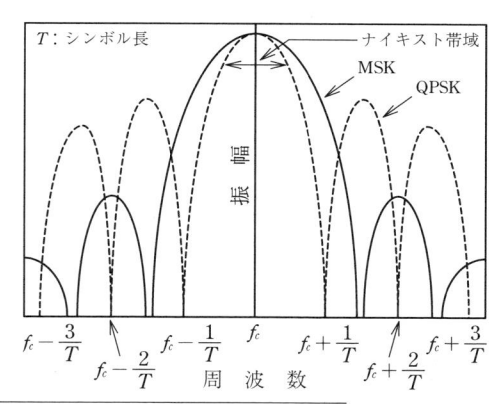

図 2.46　MSK と QPSK のスペクトル比較

---
†1　$(1/$周波数$)^2$ で減衰。QPSK は $1/$周波数で減衰。
†2　各軸を構成する波が QPSK と同じメインローブの帯域幅 $(1/T)$ をもつとすれば，波の周波数差は $1/(2\,T)$ であるため，トータルの帯域幅は，$(3/2)T\,[=1/T+1/(2\,T)]$，すなわち QPSK の 1.5 倍となる。

オフフィルタを通した QPSK より帯域幅は広くなる[9]。すなわち，MSK はロールオフフィルタをかけていない QPSK よりも狭帯域で伝送可能であるが，QPSK はロールオフをかけることにより，無ひずみで狭帯域伝送が可能となる。

位相平面上における MSK の動作を図 2.47 に示す。MSK は定エンベロープであるため，位相平面上でつねに円回転をしている。また，シンボル期間 T での位相変化は，式 (2.37) から $\pm\pi/2$ であり，伝送ビットの変わり目で図に示すように○点と×点を交互にとる。

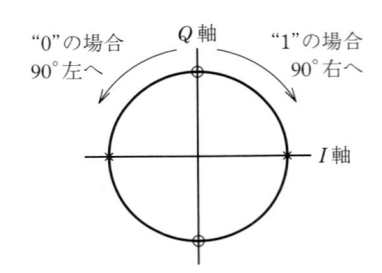

図 2.47 位相平面上における MSK の動作

この信号は FM と同様に包絡線が一定なので，伝送路の非線形に強い特長をもつ。なお，MSK の狭帯域化を図るため，図 2.48 に示すように，変調するベースバンド信号にガウスフィルタ†をかけて周波数変化を滑らかにした方式を **GMSK**（Gaussian filtered MSK）と呼び，ヨーロッパの自動車電話で利用されている[1],[2]。

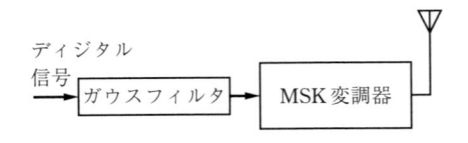

図 2.48 GMSK の基本構成

GMSK を用いれば狭帯域化は可能となるが，この方式はある程度の符号間干渉があることを前提としている。

このほかの伝送方式としては **TFM**（tamed frequency modulation）があげられる。MSK の位相は時間に対して直線的に変化するため，データの変換点で位相が不連続性となり，スペクトルが広がってしまう。TFM では，式

---

† ステップ入力に対する応答がリンギングを発生しないフィルタ。

(2.39) のように前後の連続するビットの相関をとることにより，位相の時間変化 $\Delta\phi$ を滑らかにして帯域外成分を抑えている[9]。

$$\Delta\phi = \frac{\pi}{2}\left(\frac{d_{i-1}}{4} + \frac{d_i}{2} + \frac{d_{i+1}}{4}\right) \quad (2.39)$$

ここで，d_i は i 番目のシンボルのディジタルデータである。

2.6 周波数利用効率と振幅変化の面から見た各変調方式の評価

各種変調方式を周波数利用効率と振幅変化（エンベロープ変化）の面から評価したものを**表 2.3** に示す[10]。PSK・QAM 系と MSK 系の二つの大きな流れがあるが，MSK 系は，現状では周波数利用効率が低い状況にある。

表 2.3 各種変調方式の評価

小 ← 周波数利用効率 → 大

	1 bps/Hz	2 bps/Hz	3 bps/Hz	4 bps/Hz	5 bps/Hz	6 bps/Hz	8 bps/Hz
振幅変化 小	FSK	MSK, GMSK OQPSK π/4 シフト QPSK* QPSK*					
↕	BPSK* 2値ASK		8 PSK (BSで採用)	16 PSK 16 QAM*	32 QAM		
大						64 QAM* 8 VSB (米国の地上ディジタルで採用)	16 VSB (アメリカのCATVで採用) 256 QAM

（注）＊ 日本の地上ディジタル放送において OFDM 信号の各キャリヤを変調する方式として採用。

周波数利用効率の面で優れている PSK・QAM 系の課題は，エンベロープが一定ではなく，非線形伝送路を通した場合，不要放射を発生しやすいことである。しかし，最近は誤り訂正技術，高効率電力増幅器の進展などにより，この点も克服されつつあり，通信・放送分野においては，PSK・QAM 系変調方式が主流になりつつある[5],[6]。また，多値 VSB は，周波数利用効率が高い（多

値 QAM と同程度）特長を生かして，アメリカの地上ディジタル放送，ケーブルテレビ（CATV）用変調方式として採用されている。

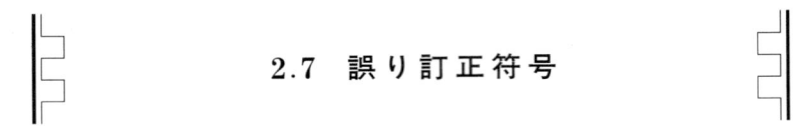

2.7　誤り訂正符号

　ディジタル伝送においては，伝送路の雑音やひずみ，マルチパス・混信などにより伝送符号に誤りが発生する。対処方法としては，誤りが発生した場合，受信側からデータの再送を要求する **ARQ**（automatic repeat request）**方式**と **FEC**（forward error correction）**方式**があるが，一般的には FEC 方式，すなわち，送信側で**冗長符号**（redundant code）を付加し，訂正符号化することにより再送要求なしでも受信側で**誤り訂正**（error correction）が可能な誤り制御方式が用いられる。

　FEC に用いられる誤り訂正符号は大別すると，**リードソロモン符号**（Reed-Solomon code，**RS 符号**）に代表される**ブロック符号**（block code）と**畳込み符号**（convolutional code）の 2 種類に分けられる。無線通信では，伝送路で発生するフェージングや雑音により**バースト誤り**（burst error），すなわちデータ伝送中のビット列における集中的な誤りが発生するが，ブロック符号はこうしたバースト性の誤りに強い方式である。

　一方，畳込み符号はランダム誤りに強い方式であり，通常は両方式が組み合わされて使用される。畳込み符号は後記のビタビ復号により，比較的簡単な構成で大きな**符号化利得**（coding gain）[†] が得られるため，さまざまな用途に使用されている。

　誤り訂正方式は，伝送路の状態によって異なる。例えば伝送路が安定しているケーブルテレビにおいては，リードソロモン符号が単独で用いられる。

　一方，地上ディジタル放送のような雑音やマルチパスの影響を受けやすい伝送路では，リードソロモン符号と畳込み符号を組み合わせた強力な誤り訂正方式が用いられている。

---

　† ある誤り率において，誤り訂正を行った場合と行わない場合の SNR または CNR の差。

2.7.1 ブロック符号

ブロック符号では，図 2.49 に示すように入力情報ビットを k [bit] ごとに一定の長さ（ブロック）に区切り，それぞれのブロックごとに $n-k$ の冗長ビットを付加することにより符号化が行われる。このように情報データから一意に一つの**符号語**（code word，情報データに冗長ビットをある規則で付加したもの）をつくるものであり，復号も各符号語に対して独立に完結する。ここで，k/n を**符号化率**（coding rate）という。

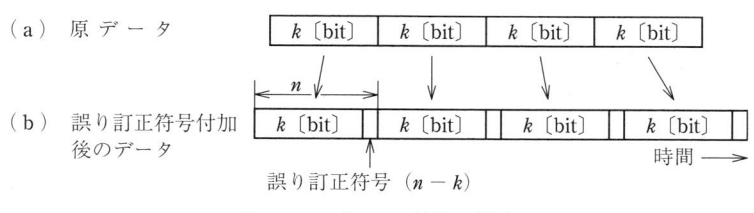

(a) 原データ | k [bit] | k [bit] | k [bit] | k [bit] |

(b) 誤り訂正符号付加後のデータ | k [bit] | k [bit] | k [bit] | k [bit] |
　　　誤り訂正符号 $(n-k)$　　時間 →

図 2.49 ブロック符号の構成

ブロック符号の代表的なものとしてはランダム誤り訂正用の**ハミング符号**（Hamming code），**BCH**（Bose-Chaudhuri-Hocquenghem）**符号**，byte 単位で誤りを訂正できるリードソロモン符号（RS 符号）があげられる[9]。

地上ディジタル放送では図 2.50 に示す 8 bit（1 byte）を基本単位とした構成の RS 符号が使用されている[11]。

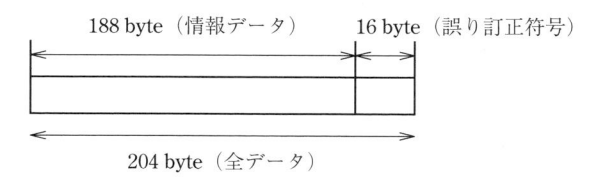

188 byte（情報データ）　16 byte（誤り訂正符号）
204 byte（全データ）

図 2.50 地上ディジタル放送で使用されているリードソロモン（RS）符号の構成

1 ブロックは 204 byte からなっており，188 byte の情報データに対して，16 byte のチェックバイト（誤り検出バイト）が付加されており，RS(204, 188) と呼ばれる。この場合の誤り訂正能力は，16 byte のチェックバイトの 1/2，すなわち 8 byte となる。

なお，RS符号のようなブロック符号はブロックごとに誤り訂正・復号を行う方式であるため，1 byteに1個誤りが発生するようなランダム誤りに対しては，あまり効果的ではない。

2.7.2 畳込み符号

〔1〕 **畳込み符号化回路**　ブロック符号がブロック単位で独立に符号化・復号を行うのに対して，畳込み符号は過去の情報ビットに影響を受ける方式である。

データ入力1 bitで2 bitの出力符号を得る**図2.51**に示すような畳込み符号器の例をもとに，動作を説明する[1]。ここで，符号化率は1/2，**拘束長**（constraint length）は3（レジスタの数を示す）である。

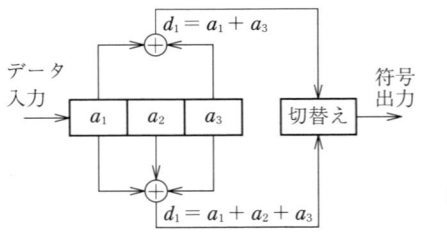

図2.51　畳込み符号器

入力された1 bitのデータ（a_1）とそれ以前に入力されレジスタに残っている2 bitのデータ（a_1, a_3）から以下の式（算術演算）により，2 bitの符号（d_1, d_2）が作成される。

$$d_1 = a_1 + a_3, \quad d_2 = a_1 + a_2 + a_3 \tag{2.40}$$

したがって，入力ビットの前の2 bitの値が決まると，入力された1 bitの値の"0"，"1"による出力はすべて規則的に決まる。以上は，簡単な例を示したが，実際の地上ディジタル放送においては，符号化率は1/2から7/8（選択可能），拘束長は7の複雑な方式が使用されている。

〔2〕 **ビタビ復号**　最も確からしい系列を推定する方法は，**最ゆう復号法**（maximum likelihood decoding）と呼ばれている。畳込み符号の最ゆう復号法の一つに**ビタビ復号**（Viterbi decoding）がある。ビタビ復号は1967年に

A.J.Viterbi により提案された方式である。受信したビットデータ列を観測し，それと**符号間距離**（ハミング距離）が最も近い符号列を求めることにより，誤りを訂正する。

図 2.52 に，符号化回路の出力符号列と誤りが 2 bit（1 bit 目と 4 bit 目）発生した受信データ列をもとに作成された**トレリス**（trellis，**格子**）線図を示す。この図を用いて動作アルゴリズムを説明する。

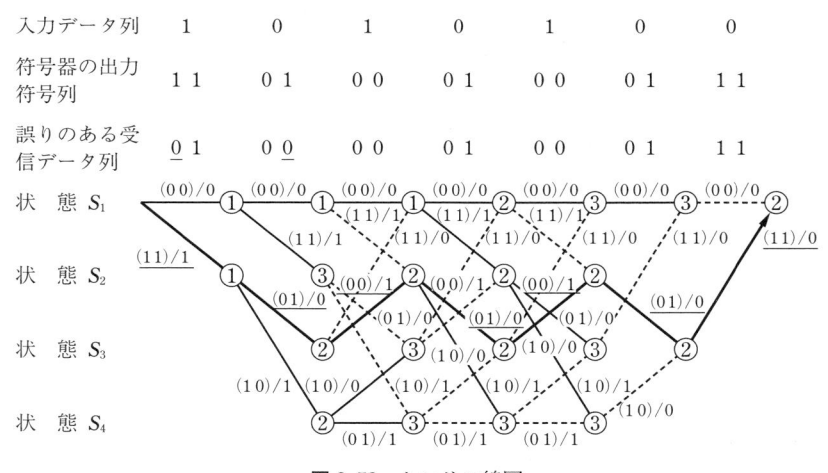

図 2.52 トレリス線図

トレリス線図では，ある状態からある状態に遷移（パス）上に，符号化器における 1 bit 入力（a_1）とそのとき出力される 2 bit の符号（d_1, d_2）/a_1 が示されている。なお，①〜③の記号はハミング距離の合計を示している。

まず，符号器（図 2.51）に最初のビット"1"が入力された場合を考える。a_2，a_3 は初期値"0"であるから，符号出力は，$d_1 = a_1 + a_3 = 1$，$d_2 = a_1 + a_2 + a_3 = 1$ が得られる。

この場合（状態 S_1），(0 0)/0 と (1 1)/1 の二つの可能性が考えられる。(0 0)/0 と (1 1)/1 はハミング距離が同じなのでパスは分岐されるが，(1 1)/1 のパスのほうをたどってみる。つぎにビット"0"が入力されると，$a_1 = 0$，$a_2 = 1$，$a_3 = 0$ となり，符号系列は $d_1 = 0$，$d_2 = 1$ が得られる。この状態（状態 S_2）

においては，(0 1)/0 と (1 0)/1 の二つの可能性が考えられるが，(1 0)/1 のほうはハミング距離が2であるため，ハミング距離が0の (0 1)/0 のほうがより確からしいパスと考えられる。

　ビタビ復号法はこのように，考えられるあらゆるパスについてハミング距離を求め，その合計が最も小さいパスを選択することにより，誤りを訂正する方式である。図2.52においても途中から各状態に入ってくるパスは二つになるが，それまでのハミング距離の合計値が小さいほうのパスを残す。これを**生き残りパス**（survivor）と呼ぶ。なお，図中の破線部分はハミング距離が大きいため削除されたパスを示している。

　このようにハミング距離の小さい生き残りパスをプロットし最も確からしいパスを作成していく。図の例では太い実線のパスが最も短く正しいデータを示していると推測される。実際にもこのデータが正しいことが図からわかる。

〔3〕**パンクチャド符号**　　ブロック符号の構成は，情報データの後に検査符号が付いた形となっており，このような符号は**組織符号**（systematic code）と呼ばれている。一方，畳込み符号では，情報データと検査符号は明確に分かれておらず，入り組んだ形となっている。このような符号を非組織符号という。

　もし，畳込み符号を組織符号化できれば，情報データ以外の符号を捨て去る（パンクさせる）ことにより，伝送速度を高めることも可能となる。このように，畳込み符号の一部を削除することにより，符号化率を高めた符号を**パンクチャド符号**（punctured convolutional code）という[6),9)]。

　例えば，情報データが

　　　1　　0　　0　　0　　0…

の場合の伝送符号が

　　　1 1　　0 1　　0 1　　0 0　　0 1…

となるように組織符号化を行った場合は，最初のビットは必ず情報ビットとなっている。このため，例えば，4 bitからなる伝送符号の4 bit目を削除すれば，符号化率2/3（パンク前は3/4）の畳込み符号が得られることになる。

パンクチャド符号は，このように伝送路が悪いときは誤り訂正能力の高い符号に，状態がよいときには訂正能力を低くして，符号化率を高くするようなことが簡単に行えることが大きな特長である。

2.8　符号化変調方式

多値（多相）変調の場合，雑音などの影響を受けやすくなるが，ビットレートを高速に保ちながら，雑音・ひずみに強くした方式が符号化変調である。

これまで述べてきた技術は，伝送のための変調部分と誤り訂正部分とは独立したものとして取り扱ってきた。この変調部と符号化部とを結合し，変調波の信号点配置と誤り訂正符号の復号特性を統合的に考え，伝送特性を向上させようとするのが符号化変調方式である。代表的なものとして**トレリス符号化変調**(trellis coded modulation) あるいはトレリス変調といわれるものがあり，基本的な原理を説明する。

通常のグレイコード配置とトレリス符号配置のコンスタレーションを比較して**図 2.53**に示す[6),9)]。図（b）のトレリス符号配置について 3 bit のデータ(a, b, c) にそれぞれ誤りが生じる確率を調べてみる。まず，c は隣り合う符号間で必ず異なっている。

このため，c についての符号間ユークリッド距離は，円の直径を 1 とすれ

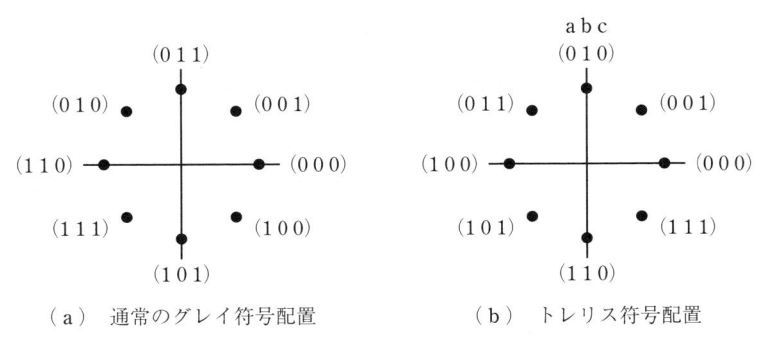

（a）通常のグレイ符号配置　　　（b）トレリス符号配置

図 2.53　グレイコード配置とトレリス符号配置のコンスタレーションの比較

ば，$\sin(\pi/8)=0.3825$ となる。b については 2 bit おきに符号が異なっており，最大ユークリッド距離は $1/\sqrt{2}=0.7$ で，QPSK と同じとなる。a は対角線の符号のみが異なっているため，最大ユークリッド距離は 1 で BPSK と同じなる。

このようにそれぞれのビットで符号誤りが生じる確率は異なっていることから，これを利用して誤り訂正能力に差をつけ，変調方式と組み合わせて誤りに強くしたのがトレリス符号化変調である。

電力制限系の BS ディジタル放送では，**定包絡変調方式**（constant envelope modulation method）で非線形ひずみに強く，かつ周波数利用効率のよいトレリス 8 PSK が用いられており，変調器と組み合わせて符号化率 2/3 のトレリス符号が使用されている。

演 習 問 題

【1】 10 Mbps のベースバンド信号で BPSK 変調された信号を無ひずみで伝送できる最小帯域幅（ナイキスト帯域）はいくらか。

【2】 20 Mbps のベースバンド信号を $\alpha=0.4$ の 16 QAM で無ひずみ伝送するとき必要な最小帯域幅を求めよ。

【3】 30 Mbps のベースバンド信号を $\alpha=0.2$ の 64 QAM で無ひずみ伝送するとき必要な最小帯域幅を求めよ。

【4】 1 024 QAM では 1 シンボルで何ビット伝送できるか。

【5】 16 QAM と同じ信号点間距離を得るためには，64 QAM の搬送波振幅は 16 QAM の何倍（比および dB）必要か。

【6】 帯域幅を一定とした場合，32 QAM の伝送速度（ビットレート）は QPSK の何倍か。

3 OFDM 変復調方式

2章ではシングルキャリヤを用いた変復調方式について説明した。本章ではマルチキャリヤ（multicarrier）を用いた OFDM 変復調方式について述べる。OFDM とは "orthogonal frequency division multiplexing" の頭文字をとったもので，**直交周波数分割多重**と訳されている[6]。

3.1 OFDM 変調の歴史と特徴

都市あるいは自動車などの移動体でディジタル変調波を受信する場合，周囲のビルからの反射などによる**マルチパスフェージング**（multipath fading）により特性が劣化する。これは希望波にマルチパスによる遅延波が重なることによりシンボル間干渉が生じるためである。これに対してはシンボル期間（シンボル長）が長いほど妨害を受ける時間が相対的に短くなり，影響を受けにくくなる。しかし，シンボル長を長くすると，所要の伝送速度（ビットレート）を確保することが困難となる。

OFDM は多数のキャリヤを変調し，それを合成することによりこの課題の解決を図ったもので，シングルキャリヤをディジタル変調した場合に比べて伝送速度はそのままでシンボル長を長くできるため，マルチパスに対して強い。

このため，日本とヨーロッパにおいては，マルチパスの影響を受けやすい地上ディジタルテレビ放送の変調方式として採用されている。また，周波数利用効率がよく，高速化に適した方式であるため，ワイヤレス **LAN**（local area network）など通信分野においても使用されている。

OFDM の歴史は古く，1950 年代に方式が提案され，理論的な検討は 1960

年代後半にほぼ終了している。1966年にはアメリカで特許となり，1980年代初頭から中頃にかけて固定および移動通信への利用についての報告がなされている[6]。

放送への適用が報告されたのは1987年である。ヨーロッパにおいて **DAB**（digital audio broadcasting, **ディジタル音声放送**）に適用された後，**DVB**（digital video broadcasting, **ディジタルテレビ放送**）に取り入れられ，現在に至っている[6]。

OFDMは，ディジタル変調された多数のキャリヤを合成したものであり，厳密にいえば変調方式ではなく多重化方式の部類に入るべきとの考え方もあるが，ここでは変調方式の一つとして取り扱うこととする。

OFDMの特徴は以下のとおりである。

① 変調は **IFFT**（inverse fast Fourier transform, **高速逆フーリエ変換**），復調は **FFT**（**高速フーリエ変換**）を用いればよく，**LSI**（large scale integration）化に適している。

② シンボル時間が長いことに加えて，ガードインターバルという冗長期間を設けることにより，さらにマルチパスに対して強くできる。

③ 各キャリヤの変調は，QPSKなどさまざまな変調も可能なほか，時間インタリーブに加えて周波数インタリーブも可能であり，誤り訂正効果が大きい。

一方，マルチキャリヤのため，以下のような取り扱いにくい点もある。

① 各キャリヤの直交性を厳密に保つ必要があること，また，雑音状の波形から正確に同期を取る必要があることから送受信機が複雑となる。

② 平均電力とピーク電力の差が 10 dB 以上あり，直線性のよい増幅器が必要である。

③ 伝送路に非直線性があると相互変調による信号劣化が生じる。

④ 多くのキャリヤを用いることにより特長が発揮できる方式であるため，ある程度の広い帯域が必要となる。

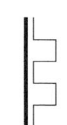

3.2 OFDM 信号波形

OFDM とは，直交性がある多数のキャリヤに変調をかけて，重ね合わせたものである．図 3.1 に時間軸で見た OFDM 信号波形の例を示す．

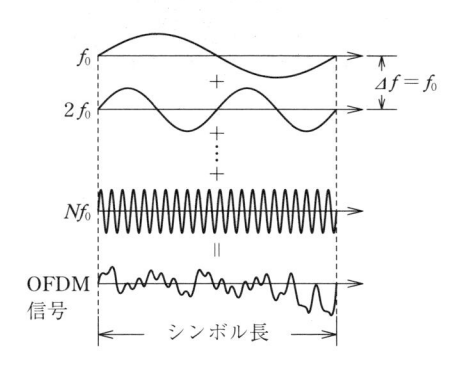

図 3.1 時間軸で見た OFDM 信号波形の例

雑音状の波形となっており，ある時間確率で瞬時的に平均電力の 10 倍以上のピーク電力が現れる特徴をもつ．ここで，直交性とは，OFDM 信号を構成するキャリヤのなかで最も低い周波数（基本波周波数）を f_0 とした場合，他のキャリヤの周波数が Nf_0（$N≧2$ の整数）に保持されていることをいう．なお，図においては周波数間隔（Δf）が f_0 となっているが，f_0 の整数倍であればよい．

OFDM 信号の周波数スペクトルを図 3.2 に示す．帯域内では方形波状となっている．キャリヤの数が増えれば増えるほどロールオフ率が 0 に近い理想的な方形スペクトルとなり，シングルキャリヤを高速ディジタル変調する場合に比べて，帯域外の放射成分は少ない．このため，他のチャネル，周波数帯に与える電磁妨害の面で優れており，周波数利用効率が高い．図 3.3 は地上ディジタルテレビ放送で用いられている実際の OFDM 信号スペクトル波形である．キャリヤ数は 5 617 本，キャリヤ間隔は約 1 kHz で帯域幅は約 5.6 MHz である[8]~[11]．

変調時においては，各キャリヤの変調スペクトルは図 3.4 のようにスペクト

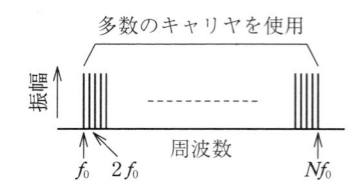

図3.2 OFDM信号の周波数スペクトル

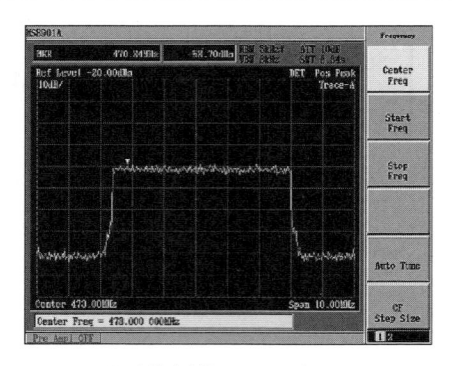

図3.3 実際のOFDM信号スペクトル波形（地上ディジタルテレビ放送の例）

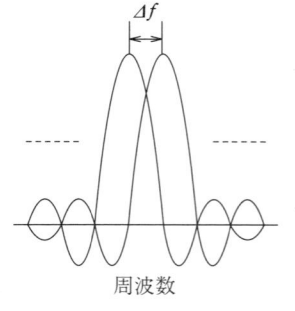

V（垂直軸）：10 dB / div.
H（水平軸）：1 MHz / div.

図3.4 スペクトルのオーバラップ

表3.1 キャリヤ数の得失比較

キャリヤ数	多い	少ない
キャリヤ間隔	狭い	広い
キャリヤ再生	困難	容易
移動受信特性 （ドップラー効果の影響）	悪い	良い
シンボル長	長い	短い
マルチパス耐性	有利	不利
帯域外放射特性	有利	不利
FFTの回路規模	大	小

ルがオーバラップしているが，直交関係が成立していれば，自分のキャリヤの周波数ポイントでは，他のキャリヤのスペクトル成分は0となる。これにより，スペクトルが重なっていても，受信側で分離することができる。

表3.1は使用するキャリヤ数に対する得失を比較したものである[2]。帯域一定の条件においてキャリヤ数を多くすれば，当然ながらキャリヤ間隔が狭くなり，キャリヤ再生が困難となるため，特に移動受信時に生じる**ドップラー効果**（Doppler effect）の影響を受けやすい（3.7.3項参照）。また，FFTの回路規模も大きくなる。

一方,基本波周波数 f_0 とシンボル長 T の間には,$T=1/f_0$ の関係があるため,f_0 が低いほど T を長くでき,マルチパスに強い。ただし,シンボル長が長すぎるとフェージングなどによる時間変動の影響を受けやすくなる。

3.3 OFDM の直交性

n,m を整数,T をシンボル長とすれば,信号が三角関数の場合の直交性は式 (3.1) で表される[6]。

$$\frac{1}{T}\int_0^T \cos(2\pi n f_0 t)\cos(2\pi m f_0 t)\,dt = \begin{cases} 0 & (n \neq m) \\ \dfrac{1}{2} & (n = m) \end{cases} \tag{3.1}$$

OFDM と FDM の比較

OFDM は多重方式の一種であるが,多重方式には **TDM**(time division multiplexing,**時分割多重**)をはじめ,アナログ通信などで使われている通常の **FDM**(frequency division multiplexing,**周波数分割多重**),**CDM**(code division multiplex,**符号分割多重**)などがある。OFDM は FDM の一種であるが,図 3.5 に示すようにキャリヤ間隔を最も狭くしたものである[6]。

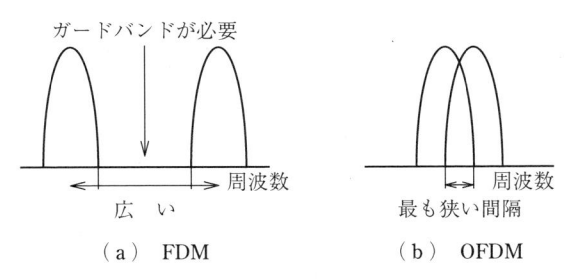

（a）FDM　　（b）OFDM

図 3.5　FDM と OFDM の比較

FDM は,チャネル間干渉を防ぐための**ガードバンド**(guard band)が必要であり,OFDM に比べて周波数利用効率が悪い。また,スペクトルが他のチャネルと重なった場合,フィルタでは分離できないため混信が生じるが,OFDM では重なっていても各周波数において自分の周波数以外のスペクトル成分が 0,すなわち各周波数間で整数関係が成り立っていれば,混信は生じない。

式 (3.1) に関して，実際は離散的な処理が行われ，T を N 分割した場合は式 (3.2) で表される (3.5.1 項参照)．

$$\frac{1}{N}\sum_{k=1}^{N}\cos\left(\frac{2\pi kn}{N}\right)\cos\left(\frac{2\pi km}{N}\right)=0 \quad (n\neq m) \tag{3.2}$$

式 (3.1) は信号の周波数が異なり ($n\neq m$) かつ基本波の整数のときは，積分値が 0 となること，つまりそれぞれの波がたがいに干渉しないことを示している．

すなわち，**図 3.6**（a）に示すように希望キャリヤ（周波数 f_0）どうしを掛け合わせた場合は直流成分が生じるが，希望キャリヤと希望キャリヤの N 倍（$N\geq 2$ の整数）の周波数の波を掛け合わせたときには平均値は 0〔図（b）（$N=2$ の場合）〕となり，信号は現れない．このため，独立した情報を乗せることが可能となる．ただし，周波数と位相については厳密な管理が必要である．

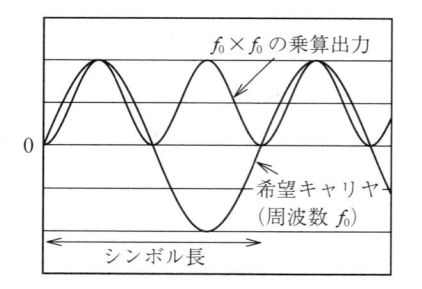

（a） 希望キャリヤ（周波数 f_0）どうしを乗算したときの出力（直流成分が発生）

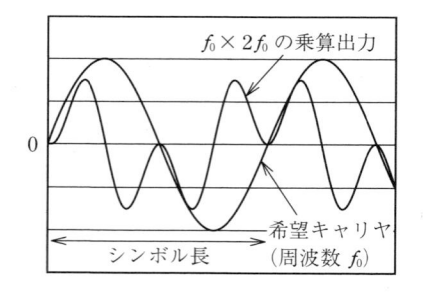

（b） 希望キャリヤ（周波数 f_0）と妨害波（2 倍波（$2f_0$））を乗算したときの出力（直流成分は現れない）

図 3.6　OFDM 信号の直交性

3.4　OFDM 変復調器の基本構成

OFDM 変復調システムの基本構成を**図 3.7** に示す．入力時系列ディジタル信号（送信データ）は **S-P**（serial to parallel）**変換**部で直並列変換された後，IFFT により**時間領域**（time domain）信号に変換され，送信される．受

3.4 OFDM変復調器の基本構成

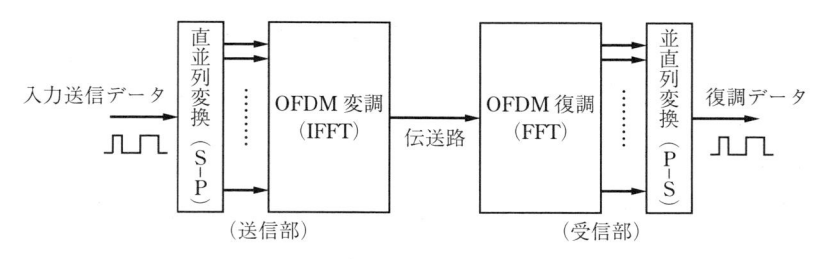

図3.7 OFDM変復調システムの基本構成

信側では，送られてきた時間領域信号はFFTで**周波数領域**（frequency domain）の信号に変換され，**P-S**（parallel to serial）**変換**により，もとの時系列信号に復元される。

図3.8にOFDM変調器の基本構成を示す。S-P変換された各送信データを直交関係（位相差が90°）にある各キャリヤと掛け合わせて各キャリヤに係数を与えたあとI軸，Q軸ごとに加算する。つぎに，D-A変換により**PAM**[†]（pulse amplitude modulation）波形に変換し，ローパスフィルタを通せばべ

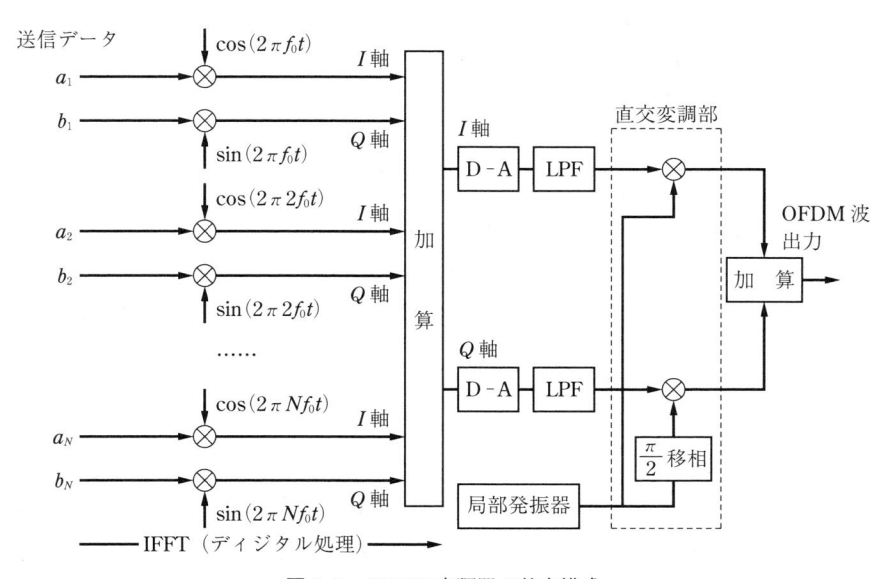

図3.8 OFDM変調器の基本構成

[†] 振幅変調されたパルス時系列信号。

ースバンドOFDM信号が得られる。この後，**局部発振器**（local oscillator）を用いてI軸，Q軸の信号を高周波帯の信号に変換〔**直交変調**（quadrature modulation）〕した後，加算して送信する。

図3.9はOFDM復調器の基本構成である。まず，**直交復調**（quadrature demodulation）部で受信信号と周波数と位相が一致した局部発振器出力を掛け合わせることによりベースバンド信号に変換し，ローパスフィルタを通した後A-D変換する。この後，FFT部で各キャリヤを復調したあと，メモリに格納する。このデータを，P-S変換により順次読み出せば，もとの送信データが復元できる。

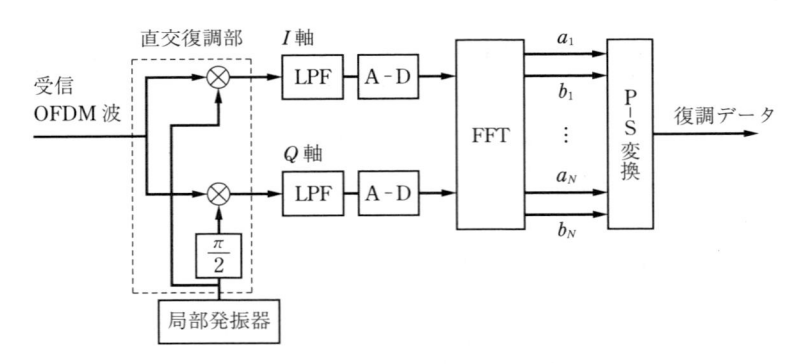

図3.9 OFDM復調器の基本構成

なお，各キャリヤの変調については，種々の変調方式を選ぶことができる。地上ディジタルテレビ放送では，固定受信用に64 QAM，携帯端末などでの受信用にQPSK，制御用にBPSK（DBPSK）が使用されている[8]。

図3.10（a）にQPSKで各キャリヤを変調するQPSK-OFDM変調器の構成を示す。入力送信データは2 bit単位で各変調器に入力され，位相平面上の信号点が作成される。

すなわち，最初の（1 0）はそれぞれQPSK変調器1のI軸とQ軸に，つぎの（1 1）はQPSK変調器2に同じように割り当てられる。変調器の数をNとすれば，$2 \times N$〔bit〕までがOFDM変調器の時間軸上の1シンボルを構成する。このデータは各キャリヤと乗算され，各軸ごとに加算された後D-A

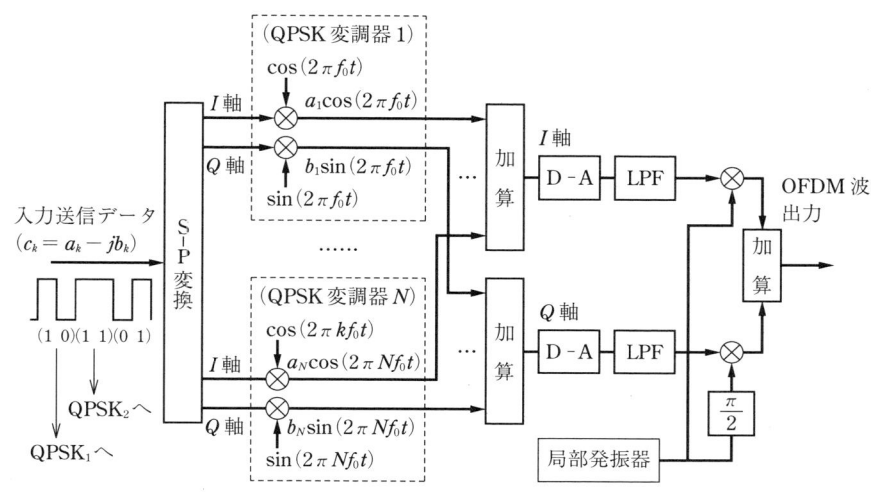

3.4 OFDM変復調器の基本構成

(a) QPSK-OFDM変調器の構成

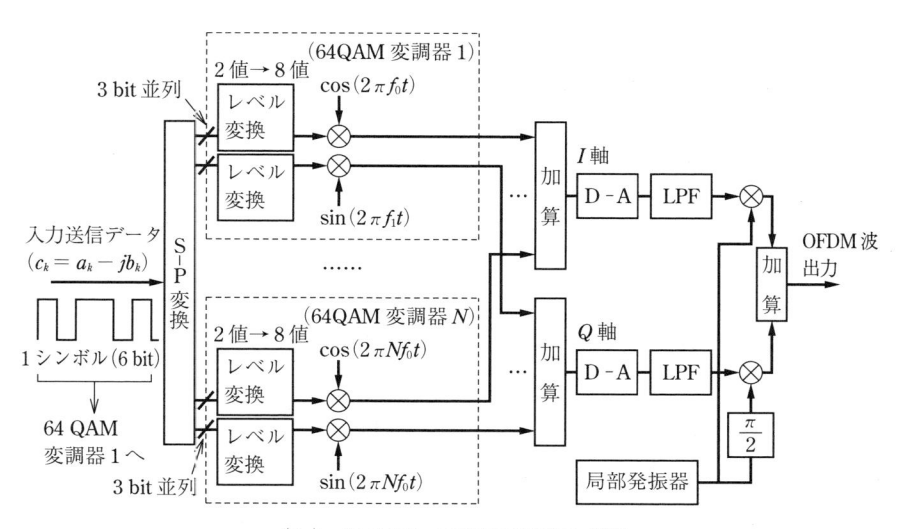

(b) 64QAM-OFDM変調器の構成

図3.10 OFDM変調器の基本構成

変換される。この後直交変調され，高周波帯の OFDM 波出力となる。

図（b）は 64 QAM-OFDM 変調器の構成を示す。6 bit 単位（I 軸 3 bit, Q 軸 3 bit）で各変調器に割り当てられることと，64 個の信号点を作成するためレベル変換（2 値→8 値）が必要なことのみが異なる。なお，このように I 軸用データ，Q 軸用データを作成することを**マッピング**（mapping）という。

以上のように OFDM 信号を発生させるためには通常，数百〜数千個のディジタル変調器が必要となり，コスト面・安定度を考えれば現実的ではない。ところが，上記のように変調器出力を数千個重ね合わせることは逆 FFT の公式そのものとなっている。近年の LSI 技術の進展により，サンプル値が数千個の FFT を実行することは容易となってきており，これにより初めて OFDM 変調器が現実のものとなった。

3.5　OFDM 信号の式表示と伝送

3.5.1　基　本　式

OFDM 信号は時間的に連続する多数のシンボルからなっているが，各シンボル期間におけるベースバンド信号波形 $s_B(t)$ は，図 3.11 に示す各信号点の式表示から式（3.3）で表される。

$$s_B(t) = \sum_{k=1}^{N} \{a_k \cos(2\pi k f_0 t) + b_k \sin(2\pi k f_0 t)\} \tag{3.3}$$

ここで，a_k は送信データの I 軸成分（同相軸），b_k は Q 軸成分（直交軸）である。f_0 は基本波周波数，$k f_0$ は k 番目の周波数で，シンボル長を T とす

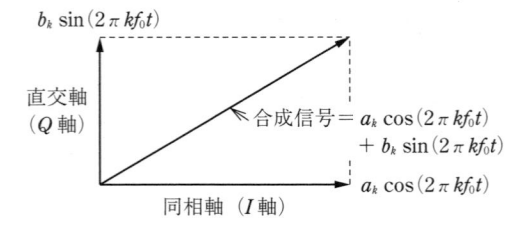

図 3.11　各シンボル信号点の式表示

れば，$f_0 = 1/T$ である。

送信データを複素数 $c_k = a_k - jb_k$ で表した場合は，式（3.4）を得る。

$$s_B(t) = \mathrm{Re} \sum_{k=1}^{N} c_k \exp(j2\pi k f_0 t) = \sum_{k=1}^{N} \{a_k \cos(2\pi k f_0 t) + b_k \sin(2\pi k f_0 t)\}$$

(3.4)

このように，実数部（Re）をとれば式（3.3）のベースバンド信号が得られる。なお，実際の処理は以下のように離散的に行われる。

シンボル長 T を N 分割し，サンプリング周期を $\Delta t = T/N$ とすれば，時刻 $t = n\Delta t$（n は整数，$0 \leq n < N$）におけるサンプル値 $s_B(n\Delta t)$ は式（3.5）で表される。

$$s_B(n\Delta t) = \mathrm{Re} \sum_{k=1}^{N} c_k \exp\left(\frac{j2\pi k n\Delta t}{N\Delta t}\right) = \mathrm{Re} \sum_{k=1}^{N} c_k \exp\left(\frac{j2\pi k n}{N}\right) \quad (3.5)$$

式（3.5）は複素数 c_k を**逆離散フーリエ変換**（inverse discrete Fourier transform，**IDFT**）した形となっている。すなわち，送信データを逆離散フーリエ変換し，その実数部をとると式（3.3）の時刻 Δt ごとのサンプル値が得られる。

この信号を D-A 変換した後，ローパスフィルタに通せば，式（3.4）の OFDM 信号波形が得られる。受信部でこのベースバンド信号から a_k，b_k を求めるためには，式（3.4）に $\pi/2$ の位相差をもつ $\cos(2\pi k f_0 t)$，$\sin(2\pi k f_0 t)$ を掛け合わせて，式（3.6）のようにそれぞれ 1 シンボル長 T で平均化（積分）すればよい。

$$\frac{1}{T} \int_0^T s_B(t) \cos(2\pi k f_0 t)\, dt$$
$$= \frac{1}{T} \Big\{ a_k \int_0^T \cos(2\pi k f_0 t) \cos(2\pi k f_0 t)\, dt$$
$$\quad + b_k \int_0^T \sin(2\pi k f_0 t) \cos(2\pi k f_0 t)\, dt \Big\}$$
$$= \frac{a_k}{2} \qquad (3.6)$$

b_k も同様に求められ，式（3.7）を得る。

$$\frac{1}{T}\int_0^T s_B(t)\sin(2\pi k f_0 t)\,dt = \frac{b_k}{2} \tag{3.7}$$

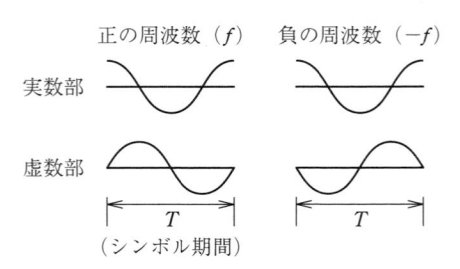

3.5.2 複素 OFDM 信号の伝送と復調

原理的には 3.5.1 項に示した処理により変復調が可能となるが，実用的には送信側で IFFT，受信側で FFT を利用する必要があり，複素数のまま変復調を行う方法を考える[13]。また，ベースバンドでの処理の容易さを考慮し，送信波形を正，負の周波数を用いた式（3.8）で表す†。

$$s_B(t) = \sum_{k=-n}^{n} c_k \exp(j2\pi k f_0 t) \tag{3.8}$$

式（3.8）から実際の伝送に使用される実数軸（I 軸）の信号 $s_{BI}(t)$ と虚数軸（Q 軸）の信号 $s_{BQ}(t)$ はそれぞれ式（3.9），（3.10）で表される。

$$s_{BI}(t) = \sum_{k=-n}^{n} \{a_k \cos(2\pi k f_0 t) + b_k \sin(2\pi k f_0 t)\} \tag{3.9}$$

$$s_{BQ}(t) = \sum_{k=-n}^{n} \{a_k \sin(2\pi k f_0 t) - b_k \cos(2\pi k f_0 t)\} \tag{3.10}$$

なお，時間的に連続した複数シンボル時のベースバンド OFDM 信号波形については，m を時間方向のシンボル番号，送信データ（複素数）を $c(m, k)$ とすれば，すべてのシンボルを加算すれば求められ，式（3.11）を得る。

$$s_B(t) = \sum_{m=0}^{\infty} \sum_{k=-n}^{n} c(m, k) \exp(j2\pi k f_0 t) \tag{3.11}$$

上記加算出力は**図 3.12** に示すように，D-A 変換後，局部発振器からの

---

† 実際の信号処理においては下図のように正と負の周波数（$\pm f$）に分けられて処理される。正の周波数と負の周波数では虚数部の位相が反転している。

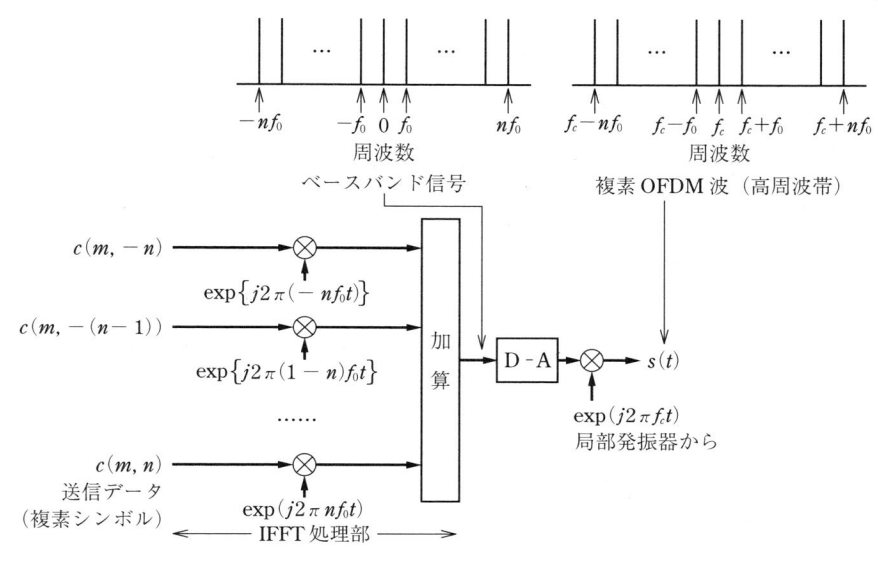

3.5 OFDM 信号の式表示と伝送

図 3.12 複素 OFDM 波の作成系統（変調系統）

$\exp(j2\pi f_c t)$ のキャリヤ（f_c は周波数）と乗算され，式（3.12）に示す高周波帯の信号が得られる．

$$s(t) = \sum_{m=0}^{\infty} \sum_{k=-n}^{n} c(m, k) \exp(j2\pi k f_0 t) \exp(j2\pi f_c t) \tag{3.12}$$

図 3.13 に複素 OFDM 波の復調系統を示す．受信側では，まったく逆の処理を行う．受信信号は，$\exp(-j2\pi f_c t)$ の信号波形をもつ局部発振器出力と乗算されベースバンド信号となる．この後 A-D 変換，S-P 変換を行い，$\exp(-j2\pi k f_0 t)$ と掛け合わせた後，各シンボル期間で積分すれば，もとの送信データが復元される．

なお，受信側の局部発振器の周波数と位相は送信側と一致していると仮定したが，OFDM 信号は雑音状の波形であるため，受信側で同期をとることは容易ではない．このため，さまざまな工夫が行われている（3.9.1 項，4.2.5 項参照）．

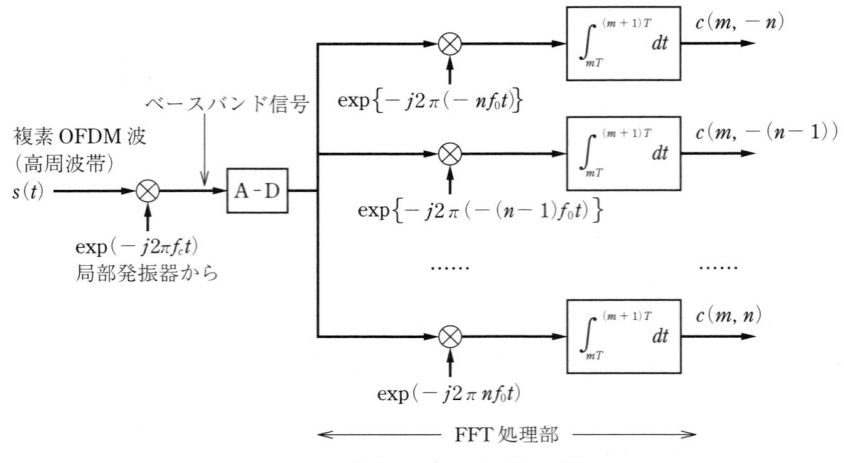

図 3.13 複素 OFDM 波の復調系統

3.5.3　周波数変換の具体例

地上ディジタルテレビ放送の送信側における**周波数変換**（frequency conversion）の例を**図 3.14**に示す[15]。ベースバンドの OFDM 信号（周波数範囲：$-nf_0 \sim nf_0$）は，OFDM 変調器内で 8 MHz 帯（中心周波数：約 8.127 MHz）に変換された後，局部発振器1で 37 MHz 帯（中心周波数 37.15 MHz）の**中間周波数**（intermediate frequency：**IF**）に変換される。この後，局部発振器2により **UHF**（ultra high frequency，極超短波）帯の放送周波

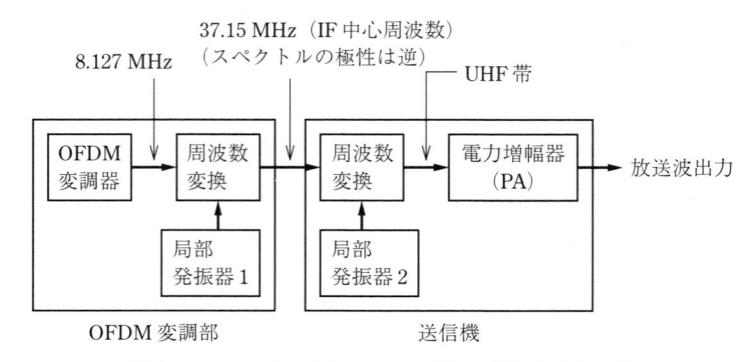

図 3.14 地上ディジタルテレビ放送の周波数変換の例

数にアップコンバートされ，電力増幅器を経た後，電波として発射される[†]。

図 3.15 は OFDM 変調器の出力スペクトルである。中心周波数（図 3.15 の f_c）として，IFFT/FFT の**サンプリング周波数**（sampling frequency）である 8.127 MHz を用いている。

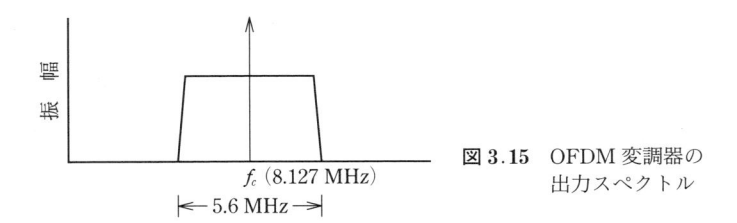

図 3.15　OFDM 変調器の出力スペクトル

3.5.4　OFDM と差動検波

シングルキャリヤの BPSK（DBPSK）や QPSK（$\pi/4$ シフト DQPSK）の場合は，差動検波が可能であるが，OFDM の場合は FFT 処理が必要なため必ず同期検波を行う必要がある[6]。

ただし，受信波を FFT し，各キャリヤに分離した後，差動検波することは可能である。地上ディジタル放送では，制御用信号の変調方式として DBPSK が採用されているが，FFT 後，差動検波（遅延検波）する方法が用いられている。

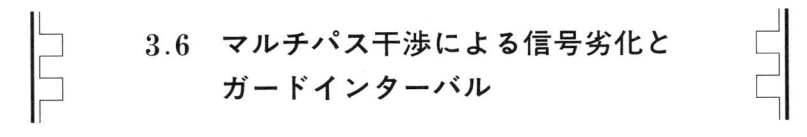

3.6　マルチパス干渉による信号劣化とガードインターバル

3.6.1　マルチパスによる信号劣化

地上波を受信する場合，図 3.16 に示すように高層ビルや山岳からの反射により，受信機には希望波（直接波）に加えて，さまざまな遅延時間をもつマルチパス波（妨害波）が到来する。このように OFDM 信号がマルチパス妨害を受ける場合，同一シンボル（データ内容が同じ）の信号どうしが重なり合う期

[†] 一度，IF 周波数に変換しているのは，前段の装置を放送周波数に無関係に共用化するなどの理由による。

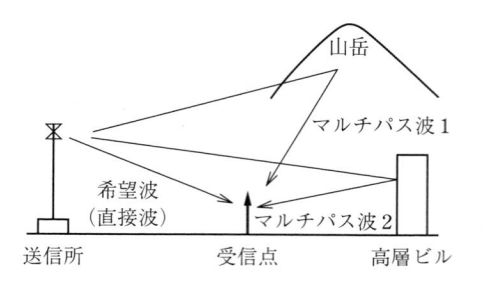

図3.16　マルチパス波の到来

間と隣接シンボルが重なる期間によって，受けるひずみの状況は大きく異なる。

同一シンボルが重なり合う期間においては，図3.17のように受信波（希望波＋マルチパス波）の振幅・位相は一定量変化するが，マルチパス波のレベルが大きく，かつ逆相で重なり合うような場合を除いては影響を受けにくい（正しい信号点位置を示さなくなるが，波形等化により正しい信号点位置に戻すことは可能）。

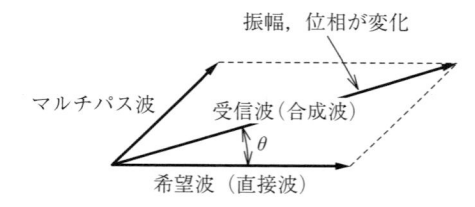

図3.17　同一シンボルのマルチパス波が到来したときの受信波（合成波）

一方，隣接シンボルなど**異シンボル**（different symbol，データ内容が異なるシンボル）が重なる場合は大きな影響を受ける。これは隣接シンボルデータとの間には**相関**（correlation）がないため，信号シンボルにとって隣接シンボルは雑音と見なせるからである。

図3.18は異シンボル干渉時の受信波（合成波）である。このように相関がない場合の合成波は振幅，位相ともランダムに変化し，波形等化が不可能となるため，信号劣化が発生する。

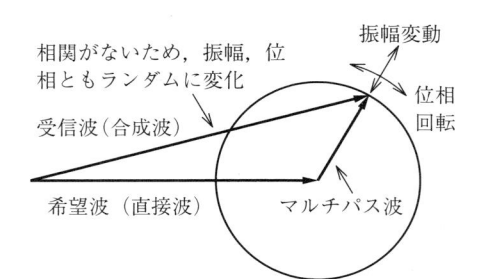

図 3.18 異シンボル干渉時の受信波（合成波）

3.6.2 ガードインターバルの付加

OFDM 信号はシンボル長が長いため本質的にマルチパス波の影響を受けにくいが，異シンボル干渉期間においては信号劣化が発生するため，この対策としてガードインターバルと呼ばれる冗長な信号が付加される。図 3.19 にガードインターバルがないときの異シンボル干渉時の復調動作を示す。受信機ではシンボルに同期させて**ウィンドウ処理**（window operation）[†]を行うことにより復調するが，マルチパス波の遅延時間がそのまま干渉期間となるため，信号劣化（誤り率の上昇）が発生する。この場合，異シンボルはすべて雑音と見な

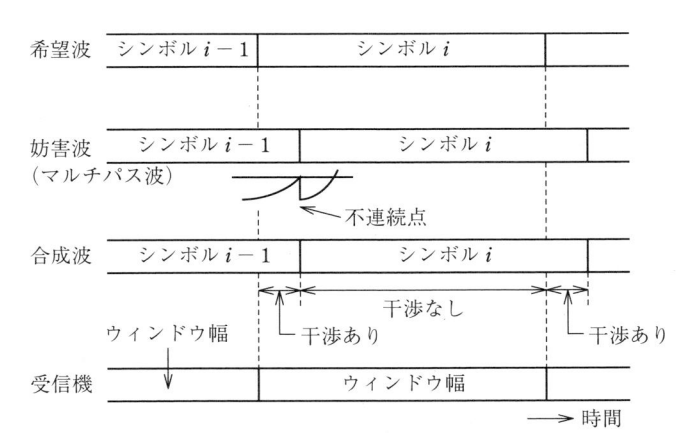

図 3.19 ガードインターバルがないときの異シンボル干渉時の復調動作

[†] 信号のある部分をウィンドウとして設定し，この領域内の信号に対してのみ処理を行うこと。この掛け合わす関数を**窓関数**（window function）という。

され，信号を劣化させるが，図に示す不連続点もキャリヤ間干渉を発生させ，劣化の原因となる。

そこで，**図 3.20** に示すように，シンボルの先頭にシンボルの後半部分をコピーして付加することにより，隣接シンボルの影響をなくすことが行われる。この冗長な信号を**ガードインターバル**（guard interval，**GI**），実際に有効なデータ部分を**有効シンボル**（effective symbol）という。

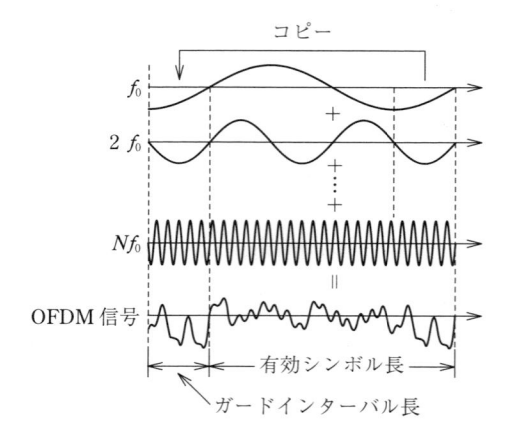

図 3.20 ガードインターバルが付加されたときのOFDM信号波形

図 3.21 にガードインターバル付きの信号を復調する場合の動作を示す。受信機では，有効シンボル期間の信号のみを切り取るようにウィンドウをかけ，

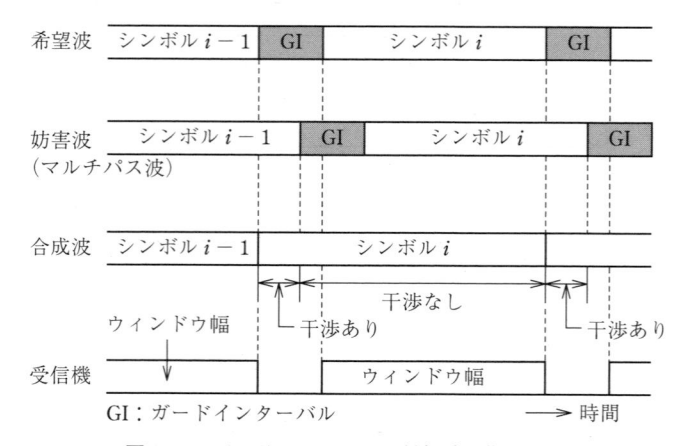

図 3.21 ガードインターバル付加時の復調動作

3.6 マルチパス干渉による信号劣化とガードインターバル

復調を行う。これにより遅延時間がガードインターバル期間内であればマルチパスの影響を抑えることができる。

以上は，妨害波が遅れ位相の場合であるが，電界が強くアンテナを経由せずチューナ部で直接，電波を受信したときなどには，図 3.22 のように妨害波が進み位相になることも考えられる。この場合は受信機のウィンドウ位置が固定されている場合には，進み時間がわずかであっても干渉が生じる。ウィンドウ位置を適応的に調整できるようにしておく（ウィンドウ切取り位置の最適化）などの対策が必要である。

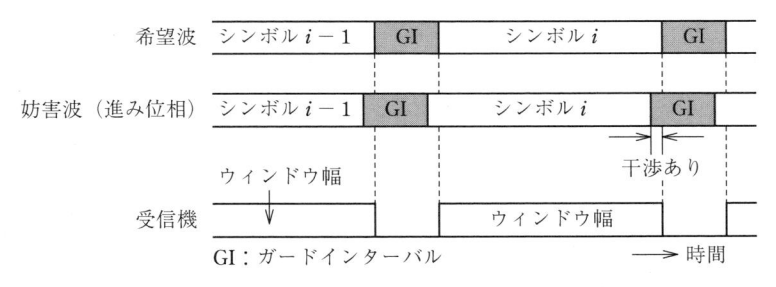

図 3.22 妨害波が進み位相の場合に生じる干渉

図 3.23 にガードインターバルの付加方法を示す。S-P 変換後の入力送信データは図のように IFFT 部のメモリに順次書き込まれていくが，IFFT 信号として読み出すときに，図のように後半部分から読出しを行うことにより，ガードインターバル付き OFDM 信号を容易につくり出すことができる。

なお，ガードインターバル期間の信号は冗長な情報であり，長くすれば長い遅延時間に対応できるが，伝送速度は低下するため，どの程度のガードインターバル期間を付加するかはこの両面を考慮する必要がある。

地上ディジタルテレビ放送の OFDM 信号の場合は，シンボル長として約 $1.008\,\mathrm{ms}$，ガードインターバル長は $126\,\mu\mathrm{s}$（シンボル長の 1/8，この比をガードインターバル比という）となっている[8]。これにより，遅延時間が $126\,\mu\mathrm{s}$，すなわち希望波との伝搬距離差が $37.8\,\mathrm{km}$（$=126\,\mu\mathrm{s}\times$光速）までのマルチパス波に対応できる。

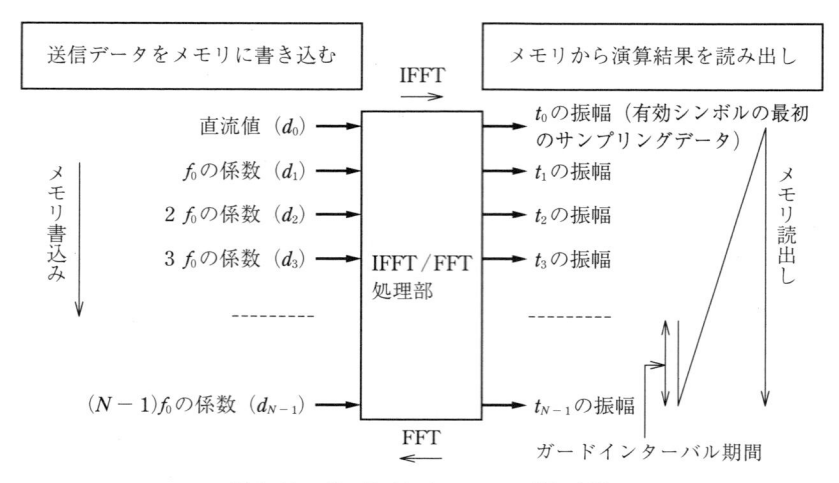

図 3.23 ガードインターバルの付加方法

なお，ガードインターバルを付加した場合，各キャリヤの直交関係がなくなり**シンボル間干渉**が生じるように思えるが，受信側では図 3.21 に示したように有効シンボル期間のみを切り取るため，データを正しく受信できる。

QPSK などシングルキャリヤのディジタル変調波の復調においては，符号間干渉を起こさない（ナイキスト条件を満たす）ようにしながら信号の高調波成分をカットするフィルタ（ロールオフフィルタ）が必要である。しかし，OFDM 信号の復調においては，シンボルの変化点を含まないようにウィンドウをかけて復調していること，多くのキャリヤを使用し，帯域外の放射成分は十分小さいことなどから基本的には不要である。地上ディジタルテレビ放送においても使用されていない。

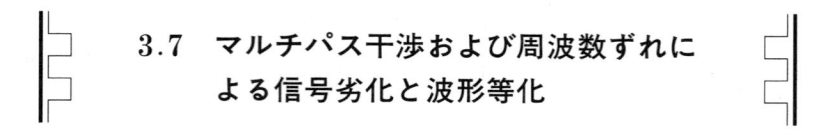

3.7 マルチパス干渉および周波数ずれによる信号劣化と波形等化

3.7.1 波形等化の必要性

シングルキャリヤ変調方式と異なり OFDM は数多くのキャリヤを用いているため，伝送時においてマルチパスが発生した場合，**周波数選択性フェージン**

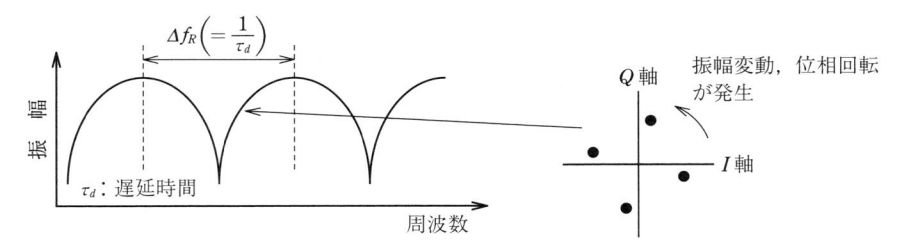

図 3.24 マルチパスがあるときの振幅および位相の変化

グ（frequency selective fading）となり，**図 3.24** に示すようにキャリヤごとにその振幅および位相が変化する．

各キャリヤの変調方式が BPSK や QPSK の場合は，位相のみに情報が乗せられており，かつ差動検波（遅延検波）を行えば絶対位相を知る必要もないため，波形等化を行う必要はない．しかし，テレビ放送のように映像伝送が必要な場合は限られた帯域で伝送速度を高める必要があり，振幅方向にも情報をもつ 16 QAM や 64 QAM が用いられている．

この場合，各振幅と位相の補正をキャリヤごとに行い，信号点を本来の位置に戻さなければ正しく復調できない．

以上は周波数軸での補正であるが，移動受信時におけるドップラー効果などにより各キャリヤに周波数ずれが生じた場合には，エンベロープ（包絡線）の変動が生じるため，時間軸においても波形等化が必要となる（3.7.3 項参照）．

3.7.2 マルチパスによる信号劣化と等化

〔1〕 **マルチパスによる等価 CNR の劣化量**　マルチパス波の遅延時間がガードインターバル内であっても，図 3.24 に示した帯域内の**リップル**（ripple）により**等価 CNR**（equivalent CNR）†が劣化する．これは，もともと誤り率が小さい状態で振幅が大きくなったとしても誤り率はあまり改善されない

---

† 等価 CNR とは，種々の雑音や干渉がビット誤り率に与える影響をガウス雑音に置き換えたときの CNR をいう．伝送特性を劣化させるおもな要因としては，ガウス雑音のほかに，相互変調ひずみ（IMD），局部発振器の位相雑音，マルチパス，同一チャネル混信，隣接チャネル干渉などがある．これらはすべて誤り率を上昇させるが，この誤り率に対応した CNR をガウス雑音に置き換えればいくらになるかを示したものである．

のに対して,振幅が低下するポイントでは誤り率は大きく上昇するためである。

マルチパス波を1波とし,OFDM波の任意の周波数 f における振幅を1,マルチパス波の振幅を r,遅延時間を τ_d,初期位相差と θ_0 とすれば,合成波 $s_0(t)$ は式 (3.13) で表される。

$$s_0(t) = \cos 2\pi ft + r\cos\{2\pi f(t-\tau_d)+\theta_0\}$$
$$= \sqrt{1+2r\cos(2\pi f\tau_d - \theta_0)+r^2}\cos(2\pi ft + \phi) \quad (3.13)$$

ここで,$\phi = \tan^{-1} r\sin(2\pi f\tau_d - \theta_0)/\{1+r\cos(2\pi f\tau_d - \theta_0)\}$ である。

希望波レベルを D,マルチパス波レベルを U とすれば,**DU比**(desired-to-undesired signal ratio)〔dB〕は

マルチパスによる等価 CNR の劣化量の算出

64 QAM で変調された場合を考える。式 (3.13) から合成波の周波数特性 $A(f)$ は,式 (3.14) で表される。

$$A(f) = \sqrt{1+2r\cos(2\pi f\tau_d - \theta_0)+r^2} \quad (3.14)$$

OFDM波の任意の周波数 $f=f_c+kf_0$ における CNR〔$(C/N)_k$〕と全キャリヤ平均の CNR〔$(C/N)_M$〕の関係は

$$\left(\frac{C}{N}\right)_k = A(f)^2 \left(\frac{C}{N}\right)_M \quad (3.15)$$

となる。周波数 f におけるビット誤り率 p_k は,式 (3.16) で表される〔式 (2.30) 参照〕。

$$p_k = \frac{7}{24}\operatorname{erfc}\left\{\sqrt{\frac{A(f)^2(C/N)_M}{42}}\right\} \quad (3.16)$$

OFDM波全体の誤り率 p_T は各キャリヤの誤り率を加算平均すれば求められ,式 (3.17) で表される。

$$p_T = \sum_{k=-n}^{n}\frac{p_k}{2n+1} = \frac{7}{24}\sum_{k=-n}^{n}\operatorname{erfc}\left\{\frac{\sqrt{A(f)^2(C/N)_M/42}}{2n+1}\right\} \quad (3.17)$$

等価 CNR の劣化量は,同じ誤り率を与える基準となる CNR〔$(C/N)_{\text{ref}}$〕〔式 (2.30)〕と $(C/N)_M$ との差であり,式 (3.18) で求められる。

$$\text{等価 } C/N \text{ 劣化量} = 10\log\left(\frac{C}{N}\right)_M - 10\log\left(\frac{C}{N}\right)_{\text{ref}} \quad (3.18)$$

$$\frac{D}{U} [\text{dB}] = -20 \log r \tag{3.19}$$

であり，**振幅リップル**（peak to peak, p-p）は，式（3.13）における振幅の最大値と最小値から求められ，式（3.20）が得られる。

$$\text{振幅リップル (p-p)} [\text{dB}] = 10 \log\left(\frac{1+2r+r^2}{1-2r+r^2}\right) \tag{3.20}$$

以上から，振幅リップルがわかれば，これを式（3.20）に代入することにより，r が求まる。この r を式（3.19）に代入すれば振幅リップルと DU 比の関係を求めることができる。また，DU 比と等価 CNR の関係は，DU 比が 10～40 dB の範囲においては式（3.21）で表される[16]。

$$\text{等価 CNR} [\text{dB}] \fallingdotseq \text{マルチパス時の} \frac{D}{U} [\text{dB}] + 20 [\text{dB}] \tag{3.21}$$

$D/U = 20$ dB の場合を例にとれば，等価 CNR は 40 dB となる。

なお，式（3.13）において周波数 f を変化させた場合，リップルの周波数間隔を Δf_R とすれば周波数軸上の 1 周期においては $2\pi f \tau_d + \theta_0 = 2\pi(f + \Delta f_R)\tau_d + \theta_0$ となるため，マルチパス波の遅延時間 τ_d 間には式（3.22）が成り立つ。

$$\Delta f_R = \frac{1}{\tau_d} \tag{3.22}$$

例えば，ビルなどからの反射により直接波に対する遅延時間差が 1 μs（300 m の伝搬距離差に相当）のときは，式（3.22）から $\Delta f_R = 1$ MHz となる。遅延時間が長くなるほどリップルの周期は短くなる。なお，振幅の落込み（ディップ）は，$2\pi \Delta f_R \tau_d = \pi$，すなわち，$\Delta f_R = 1/(2\tau_d)$ のときに生じる。

〔2〕 **マルチパスに対する波形等化**

（1）　**等化の原理と回路**　　マルチパス波の遅延時間 τ_d が 1 シンボル以内に収まっている場合は，シンボル内での動作のみを考えればよい。この場合の OFDM 希望波信号 $s_i(t)$ は，f_0 を基本波周波数，f_c を搬送周波数とすれば，式（3.23）で表される。

$$s_i(t) = \sum_{k=-n}^{n} c_k \exp(j2\pi k f_0 t) \exp(j2\pi f_c t) \tag{3.23}$$

ここで，$c_k = a_k - jb_k$ は送信データである。

マルチパス波が加わったときの動作は，図 3.25 のようにモデル化でき，r を希望波に対するレベル比（DU 比），初期位相差を θ_0 とすれば，合成出力 $s_0(t)$ は式（3.24）で表される。

$$s_0(t) = \sum_{k=-n}^{n} c_k \exp(j2\pi k f_0 t)[1 + r\exp\{j(\theta_0 - 2\pi k f_0 \tau_d)\}]\exp(j2\pi f_c t) \tag{3.24}$$

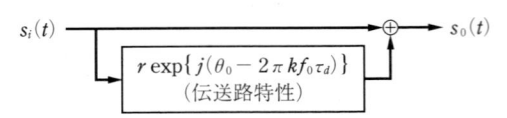

r：希望波に対するレベル比
τ_d：希望波に対する遅延時間
θ_0：初期位相差

図 3.25　マルチパス波が加わったときの伝送モデル

地上ディジタルテレビ放送の場合は，図 3.26 に示すように SP（scattered pilot，**分散パイロット**）と呼ばれる振幅・位相が一定な基準信号を周波数方向に 12 キャリヤに 1 本，時間シンボル方向には 4 シンボルに 1 本の割合で間欠的に挿入されている。この SP を利用して各キャリヤの振幅および位相の変動を推定し，逆特性の補正信号をつくり出し，割り算を行う。図 3.27 に波形等化回路の基本構成を示す。

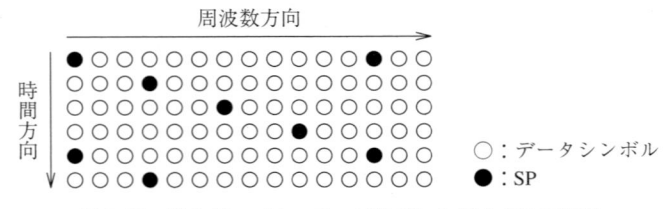

○：データシンボル
●：SP

図 3.26　地上ディジタルテレビ放送における SP の配置

これによりひずみ成分はキャンセルされ，各複素信号点ベクトルを正しく復調できる。なお，この補正により谷の部分のレベルが上がり，各キャリヤのレベルは等しくなるが，雑音も同様に高められるため，各キャリヤ自体の CNR は改善されない。

$$\sum_{k=-n}^{n} c_k \left[1 + r\exp\{j(\theta_0 - 2\pi k f_0 \tau_d)\}\right]\exp(j2\pi k f_0 t) \qquad \sum_{k=-n}^{n} c_k \exp(j2\pi k f_0 t)$$

$$\sum_{k=-n}^{n} \frac{1}{1 + r\exp\{j(\theta_0 - 2\pi k f_0 \tau_d)\}}$$

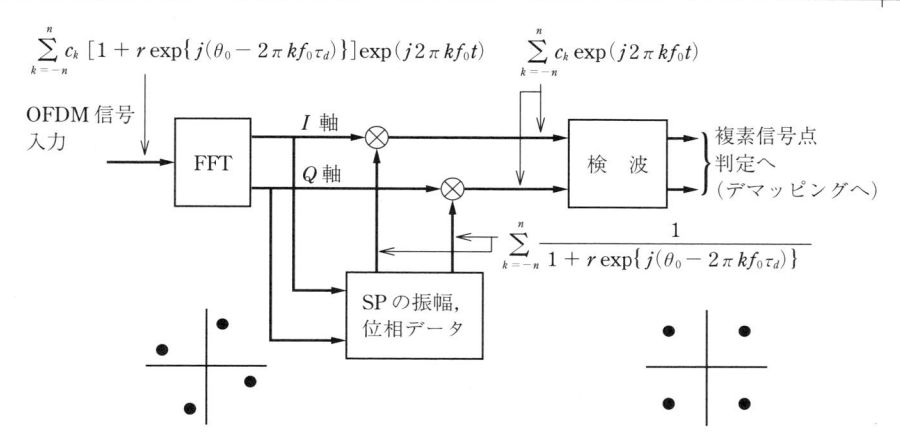

図 3.27　波形等化回路の基本構成

(2) 等化範囲　SP 信号は周波数方向には 12 シンボルに 1 個挿入されているが，時間方向の 4 シンボル分で**補間**（interpolation）[†]することを考えれば，3 キャリヤ（3 シンボル）に対して 1 本挿入されていることになる。

実際に運用されているモードにおけるキャリヤ周波数間隔 Δf は，0.992 kHz であり，式 (3.22) から $1/(3\Delta f)$ ＝約 336 μs 以内の遅延時間であれば対応が可能となる。

地上ディジタル放送の最大ガードインターバル長は 252 μs となっており，原理的には $1/(4\Delta f)$ であればよいが，補間フィルタの特性などを考慮して，3 キャリヤに 1 本の配置となっている[8]。

3.7.3　周波数ずれによる信号劣化と等化

〔1〕 周波数ずれによって生じるキャリヤ間干渉　　移動受信では，受信電界の激しい変動や**ドップラーシフト**（Doppler frequency shift，移動受信時に電波の周波数がずれる現象）が発生するなど課題は多い。

特に，OFDM では多数のキャリヤが狭い間隔で配置されていることから，

[†] 補間とは，SP は周波数方向に 12 シンボルに 1 本しかないため，時間方向の他のシンボルを用いて値を入れ込む（内挿）操作をいう。時間方向の 3 シンボルを利用すれば，3 キャリヤに 1 本挿入されていることと等価になる。

ドップラーシフトの影響を受けやすい[17]。

ドップラーシフト Δf_D は，キャリヤ周波数を f_c〔Hz〕，移動速度を v〔m/s〕，光速を c〔m/s〕とすれば，式 (3.25) で表される。

$$\Delta f_D = \pm \left(f_c \frac{v}{c} \right) \tag{3.25}$$

ここで，符号は移動方向によって決まる。

$f_c=710\,\text{MHz}$（ディジタルテレビ放送の上限周波数），$v=100\,\text{km/h}$ を式 (3.25) に代入すれば，約 66 Hz の周波数シフトが生じる。このように周波数がずれても希望波だけであれば，受信機側で**自動周波数補正**（automatic frequency control，**AFC**）を行えば正しく受信できる。

しかし，**図 3.28** に示す高速移動受信のように進行方向からの遅延波がある場合は，それぞれ異なったドップラーシフトを受けている波を受信することとなる。この場合は，通常受信機は最も電界が高い波に同調することから，他の到来波とは周波数がずれてしまい，キャリヤ間干渉による信号劣化が発生する。この対策として，アレーアンテナを用いた補償[†1]や，周波数領域等化法[†2]の提案が行われている[17]。

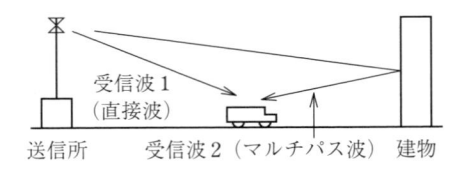

図 3.28 高速移動受信

〔２〕 **周波数ずれによる時間軸でのレベル変動の等化**　受信機で周波数ずれが生じる原因としては，ドップラーシフトのほかに，**SFN**（single frequency network，**単一周波数ネットワーク**）局[†3]間で周波数誤差がある場合などがある。上記のキャリヤ間干渉による信号劣化は方式として避けられない

[†1] 車に取り付けた複数のアンテナにおいて，先頭のアンテナから進行方向と逆に vt だけ離れた点（大地に静止と見なせる）の受信信号を求める。
[†2] SP により伝送路特性を推定し，キャリヤ間干渉を求めて FFT 出力から差し引く。
[†3] 隣接局間で同じ周波数を使用する局（4.2.4 項参照）。同一周波数で同じ番組内容の他局からの電波はマルチパス波と見なせる。

ものであり,周波数間隔を広くするあるいは上記〔1〕の方法しかない。

しかし,周波数ずれにより受信波(合成波)が時間的に変動する点については,SPを用いて等化を行うことは可能である。

図3.28に示したように2波を受信するものとし,受信波1は進行方向から遠ざかる方向,受信波2は近づく方向から放射されたものとする(いずれも到来角度は0°)。また,受信波1のほうが強電界で,受信波1に対する受信波2の遅延時間を含む位相差を θ_0 とする。

ドップラーシフト Δf_D を OFDM 波の各キャリヤで同じとし,受信波1の任意のシンボル・周波数における信号を $s_1(t) = \cos\{2\pi(kf_0 - \Delta f_D)t\}$,受信波2

SP 信号挿入時の CNR に対する誤り率

SP 信号は OFDM 信号を正しく復調するためには不可欠なものであるが,冗長な信号である。このため,送信電力を一定とした場合,データシンボルに割り当てられる電力が減少し,誤り率が上昇する。そこで SP がない場合と同じ誤り率を得るための所要 CNR を求める。

SP は図3.26に示したように周波数方向・時間方向全体で12シンボルに1個挿入されている。一般性をもたせるためにこの値を N_{ft} で表し,OFDM 波全体の平均電力を C_A,SP の電力を C_{sp},データシンボルの平均電力を C_D とし,SP のデータシンボル平均レベルに対する振幅比を L とすれば,$C_{sp} = L^2 C_D$ であり,式(3.26)が成り立つ[18]。

$$C_A = \frac{C_{sp} + (N_{ft}-1)C_D}{N_{ft}} = \frac{(L^2 + N_{ft} - 1)C_D}{N_{ft}} \tag{3.26}$$

復調後の $C/N = 1/\{1/(C_{sp}/N) + 1/(C_D/N)\} = \{C_D/(1+1/L^2)\}/N$ であるから,この式に式(3.26)の C_D を代入すれば,式(3.27)が得られる。

$$\frac{C}{N} = \frac{C_A}{N} \frac{1}{1+1/L^2} \frac{N_{ft}}{N_{ft}-1+L^2} \tag{3.27}$$

地上ディジタル放送で固定受信用(家庭での受信)に用いられている64QAM 変調の場合は

$$p_{64QAM} = \frac{7}{24} \operatorname{erfc} \sqrt{\frac{C_A/N}{42} \frac{1}{1+1/L^2} \frac{N_{ft}}{N_{ft}-1+L^2}} \tag{3.28}$$

となる。実際の値である $N_{ft}=12$,$L=4/3$ を式(3.28)に代入し,誤り率を 1×10^{-8} としたときの CNR(C_A/N)は約30 dB となる。これは,すべてのデータシンボルのときの28 dB(図2.36)に比べて,2 dB 高い値となっている。

の信号を $s_2(t) = r\cos\{2\pi(kf_0 + \Delta f_D)t + \theta_0\}$ とすれば，合成波 $s(t)$ は式 (3.29) で表される。

$$s(t) = \cos\{2\pi(kf_0 - \Delta f_D)t\} + r\cos\{2\pi(kf_0 - \Delta f_D + 2\Delta f_D)t + \theta_0\}$$
$$= \sqrt{1 + 2r\cos\{2\pi(2\Delta f_D t) + \theta_0\} + r^2}\cos\{2\pi(kf_0 - \Delta f_D)t + \phi\}$$
(3.29)

ここで，$\phi = -r\sin(2\pi\Delta f_D t + \theta_0)/\{1 + r\cos(2\pi\Delta f_D t + \theta_0)\}$ である。

式 (3.29) のエンベロープを時間軸で図示したものを図 3.29 に示す。$1/(2\Delta f_D)$ の周期で振幅が変動しており，信号レベルが低下した部分でCNRの劣化が生じることになる[†]。

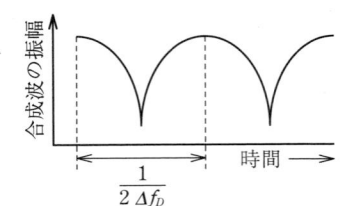

図 3.29　ドップラーシフト $2\Delta f_D$ を受けたときのエンベロープの変化

一方，図3.26に示したようにSPは時間方向に4シンボルに1本挿入されている。OFDMキャリヤの基本波周波数を f_0 とすれば，シンボル長は $1/f_0$ であるから，等化が可能なドップラーシフト Δf_D と f_0 の間には，$1/(2\Delta f_D) = 1/(4f_0)$ が成り立ち，式 (3.30) を得る。

$$\Delta f_D = \frac{f_0}{8} \tag{3.30}$$

例えば，地上ディジタルテレビ放送の場合は $f_0 = 0.992$ kHz であるから，理想的な補間を行えば $\Delta f_D = 124$ Hz まで等化が可能である。ここで，補間とはSPは時間方向において4シンボルに1本しかないため，他の3シンボルについて値を挿入することをいう。ステップ補間，あるいは直線補間（つぎのSPとの差を等分して補間）が通常行われる。

[†] 受信機では，$kf_0 - \Delta f_D$ に同期した周波数で復調するため，当然ながら当該周波数以外のキャリヤからの干渉を生じるが，これについては3.7.3項〔1〕で述べたような対策が考えられている。

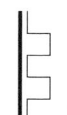

3.8 符号化とインタリーブ

ディジタル通信・放送システムにおいては過酷な伝送路における信頼性を向上させる方法として誤り訂正符号が使用される。

OFDMの場合，マルチパスにより周波数選択性フェージングが生じた場合，キャリヤ周波数によって復調シンボルのCNRは大きく異なる。特にフェージングにより受信電力が大きく低下し，CNRが劣化したシンボルには誤りが集中してしまう。このようなバースト誤りに対応するためには複雑な誤り訂正符号が必要となるため，用いられる手法が**インタリーブ**（interleaving）である。

インタリーブとは，データの順序を入れ替えることを意味しており，これと誤り訂正符号と組み合わせることにより，誤り訂正能力を大きく向上させることができる。OFDMの場合はマルチキャリヤであるため，通常の**時間インタリーブ**（time interleave）に加えて，**周波数インタリーブ**（frequency interleave）が可能である。

3.8.1 時間インタリーブ

図 3.30 に時間インタリーブの基本概念を示す。インタリーブなしの場合，バースト誤りが発生すれば，誤りが集中し訂正できなくなる可能性がある。図のようにインタリーブを行えば誤りが分散するため，誤り訂正効果が高まる。時間範囲を長くすればするほど効果が大きいが，周波数インタリーブと異な

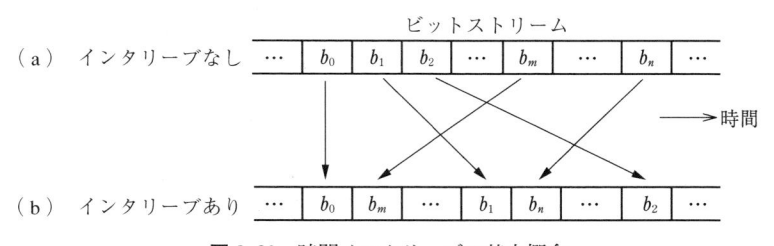

図 3.30 時間インタリーブの基本概念

り，時間方向にインタリーブをかけるため，遅延が大きくなるデメリットがある．具体的には，図 3.31（a）に示すようにメモリの書込みと読出しの順序を変えることにより実現できる[6]．

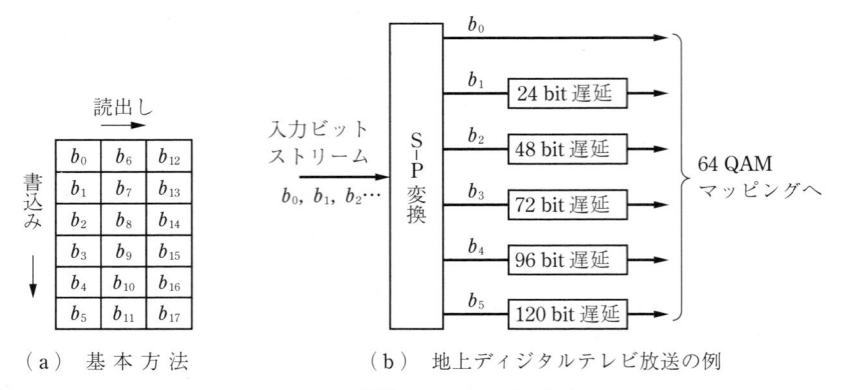

図 3.31　時間インタリーブの方法

（a）基本方法　　（b）地上ディジタルテレビ放送の例

図（b）は地上ディジタルテレビ放送で実際に用いられている方式の例である（実際にはより複雑な方式が用いられている）[8]．

S-P 変換部で 6 bit 単位で並列信号に変換されたあと，それぞれのビットについて 24 の整数倍遅延させることにより，インタリーブを行っている．

遅延素子としては，シフトレジスタが用いられる．地上ディジタルテレビ放送におけるインタリーブ長は 0.5 s で運用されているが，変復調における遅延時間はほとんどこのインタリーブ長で決まる．

3.8.2　周波数インタリーブ

図 3.32 に周波数インタリーブの概念を示す[8]．使用周波数全体でインタリーブを行うほうがより効果的である．また，通常，時間軸上においてはシンボル単位で行われるため，遅延量は少ない．例えば，地上ディジタル放送で運用されている OFDM 信号のシンボル長は 1 ms 強であり，受信側での遅延を考慮しても 2 ms 程度である．

(a) インタリーブなし ←シンボル
S_0 S_1 S_2 … S_m … S_n

周波数 →

(b) インタリーブあり S_0 S_m … S_1 S_n … S_2

図 3.32 周波数インタリーブの概念

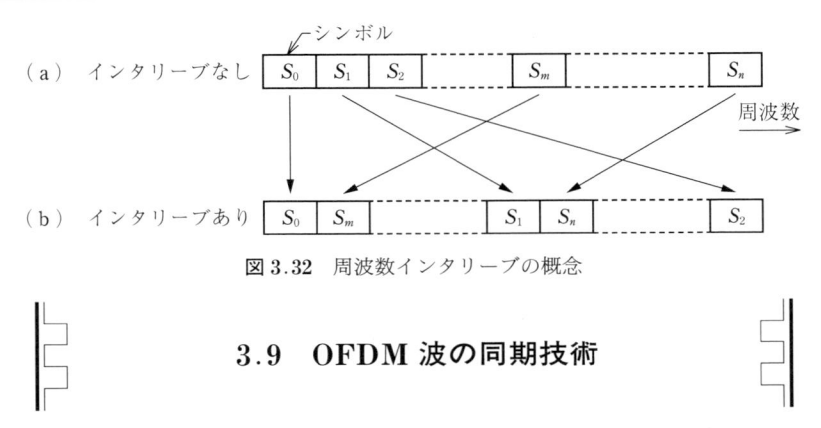

3.9 OFDM 波の同期技術

これまでの説明では OFDM 信号の受信に必要な受信機側で生成されるキャリヤ周波数や FFT のサンプリング周波数は正しく得られている（送信側と同期している）としてきた。しかしながら、OFDM 信号は雑音状の波形であるため、波形そのものを用いて同期をとることは非常に困難である。このため、さまざまな工夫が必要となる。

OFDM 信号を正しく受信するためには

① シンボル同期

② キャリヤ周波数同期

③ サンプリング周波数同期

が必要である[13],[15]。OFDM 信号の復調はシンボルを基準として行われるので、シンボルの区切りを見つけることは最も重要である。シンボル同期によって FFT のための信号切取り位置（ウィンドウ位置）などが決定される。

キャリヤ周波数同期は、受信した OFDM 波を低域あるいはベースバンドの信号に変換するための基準周波数を得るためのものである。受信側での再生周波数に誤差があり、周波数オフセット（残留偏差）が存在すると、FFT においてサンプリングを行う際にシンボル間干渉が生じ誤り率が上昇してしまう。

また、サンプリング周波数についても偏差がある場合は、周波数オフセットがある時と同様の劣化が起きる。

3.9.1 シンボル同期

シンボル同期をとる方法としては以下の2種類の方法が考えられる[6),13)]。

① **チャープ信号**（chirp signal，短い一定時間周波数を変化させた信号）や **PN**（pseudo-noise，擬似雑音）信号あるいは**ヌルシンボル**（null symbol，振幅が0の信号）などのシンボルを適当な間隔で挿入し，伝送する方法

② OFDM信号そのものの特徴を利用する方法

上記①の方法を用いれば確実に同期がとれるが，伝送容量が低下するため，一般的には②の方法が用いられる。

具体的な方法としては，OFDM信号そのものの特長であるガードインターバルを利用する。前記のように，ガードインターバルは有効シンボルの後半部分とまったく同じものであるから，たがいに強い相関をもっている。一方，後半以外の部分は両者が白色雑音に近いので相関は非常に少ない。

このため図 3.33 に示すように OFDM 信号とそれを1シンボル遅延させた信号の積をとり積分すれば T_G 間のみは相関がある（内容が同じ）ため出力が現れる。この相関値を演算し，ピークを求めることによりシンボルの区切り（FFTのウィンドウ位置）を検出できる。

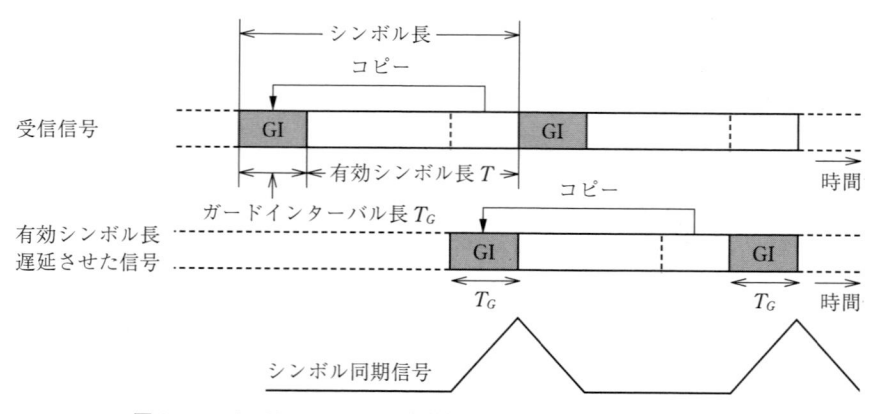

図 3.33 ガードインターバル相関を利用したシンボル同期の検出

3.9.2 キャリヤ周波数同期

キャリヤ周波数の同期についてもシンボル同期と同様にガードインターバルを利用することによって行うことが可能である。すなわち，各シンボルにおいて，もとのOFDM信号とそれを有効シンボル長 T だけ遅延させた信号は，図3.33の T_G 間は相関があるため，両信号の積をとれば周波数ずれ Δf がある場合の位相差 $\Delta \theta$（$=2\pi\Delta fT$）を検出できる。

この位相差により乗算後の信号レベル（平均値）は減少するため，この信号で受信部の同期用発振器（VCO）の発振周波数を制御することにより，受信したキャリヤと同じ周波数と位相をもつキャリヤをつくり出すことができる。

この動作を数式で説明する。各シンボルにおいてあるキャリヤ周波数の信号を $v_1(t)=\sin\{\theta_1(t)\}$，有効シンボル長遅延させた信号を $v_2(t)=\sin\{\theta_2(t)\}$ とし，乗算を行えば，式（3.31）が得られる。

$$v_1(t)v_2(t)=\sin\{\theta_1(t)\}\sin\{\theta_2(t)\}$$
$$=\frac{1}{2}[\cos\{\theta_1(t)-\theta_2(t)\}-\cos\{\theta_1(t)+\theta_2(t)\}] \quad (3.31)$$

第2項をローパスフィルタで除去すれば，第1項のみが残り，T_G 間で発生する位相差に応じた信号を取り出すことができる。

なお，間欠的に挿入されたパイロット信号など基準信号を利用して，その配置位置との誤差を検出することにより，さらに精度を高める方法も地上ディジタルテレビ放送では採用されている。サンプリング周波数の同期を含めた詳細な動作については4.2.5項で述べる。

3.10 OFDM波増幅時の課題

3.10.1 非直線ひずみがOFDM波に与える影響

OFDM信号はマルチパスに強く，周波数利用効率もよいなど数々の利点をもつが，マルチキャリヤであるゆえの課題もある。その一つが非線形伝送路を通った場合に生じる相互変調による特性劣化である。

図3.34のような非直線性をもつ**電力増幅器**（power amplifier，**PA**）の入出力特性は，e_i を入力電圧，e_0 を出力電圧とすれば，一般的に式（3.32）で表される。

$$e_0 = k_1 e_i + k_2 e_i^2 + k_3 e_i^3 + k_4 e_i^4 + k_5 e_i^5 + \cdots \tag{3.32}$$

ただし，偶数次成分の影響は少なく，奇数次成分も5次以上は無視できるとして，ここでは式（3.33）で近似する[2]。

$$e_0 = k_1 e_i + k_3 e_i^3 \tag{3.33}$$

式（3.33）に $e_i = a_1 \sin 2\pi f_1 t + a_2 \sin 2\pi f_2 t$ （$f_2 > f_1$）を入力したときの出力信号は

$$\begin{aligned}
e_0 &= k_1 \{a_1 \sin(2\pi f_1 t) + a_2 \sin(2\pi f_2 t)\} + k_3 \{a_1 \sin(2\pi f_1 t) \\
&\quad + a_2 \sin(2\pi f_2 t)\}^3 \\
&= k_1 \{a_1 \sin(2\pi f_1 t) + a_2 \sin(2\pi f_2 t)\} + k_3 \{a_1^3 \sin(2\pi f_1 t)^3 \\
&\quad + 3 a_1^2 a_2 \sin(2\pi f_1 t)^2 \sin(2\pi f_2 t) + 3 a_2^2 a_1 \sin(2\pi f_1 t)\sin(2\pi f_2)^2 \\
&\quad + a_2^3 \sin(2\pi f_2 t)^3\} \\
&= k_1 \{a_1 \sin(2\pi f_1 t) + a_2 \sin(2\pi f_2 t)\} + \frac{3 k_3}{4} [a_1^2 a_2 \sin\{2\pi(2 f_1 - f_2) t\} \\
&\quad + a_2^2 a_1 \sin\{2\pi(2 f_2 - f_1) t\}] + 高次成分 \\
&= k_1 \{a_1 \sin(2\pi f_1) + a_2 \sin(2\pi f_2 t)\} + \frac{3 k_3}{4} [a_1^2 a_2 \sin\{2\pi(f_1 - \Delta f) t\} \\
&\quad + a_2^2 a_1 \sin\{2\pi(f_2 + \Delta f) t\}] + 高次成分 \tag{3.34}
\end{aligned}$$

となる。ここで，$\Delta f = f_2 - f_1$ である。

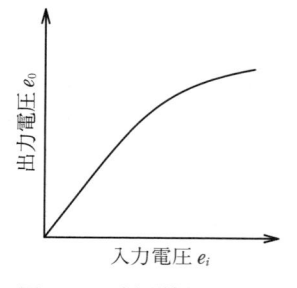

図 3.34 電力増幅器（PA）の非直線性

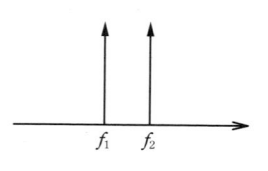

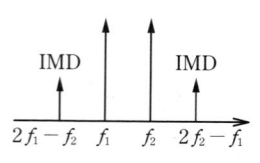

図 3.35 相互変調ひずみ（IMD）の発生

（a）入力信号のスペクトル

（b）出力信号のスペクトル

以上のように，最も近い，高レベルの成分として，周波数 f_1 の下側と周波数 f_2 の上側に，f_2 と f_1 の差の周波数をもつひずみ成分（入力信号にはない成分）が現れる（**図 3.35**）。

これが**相互変調ひずみ**（intermodulation distortion，**IMD**）と呼ばれるもので，OFDM においては数百〜数千のキャリヤが等間隔（整数倍）で並び，かつ IMD が発生する場所（周波数）に信号であるキャリヤがあるため，大きな妨害となる。この現象はシングルキャリヤの場合には起こりえないものであり，マルチキャリヤ方式の不利な点といえる。

図 3.36 は PA の非直線性により発生した IMD を図示したものである[19]。

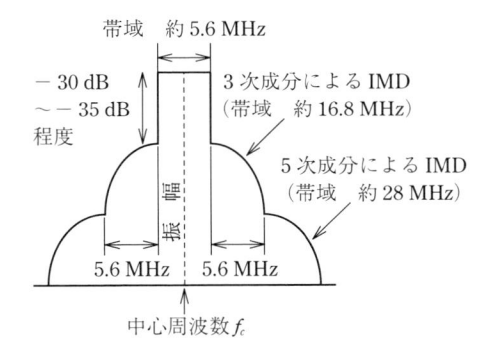

図 3.36 PA の非直線性で生じる IMD のスペクトル

3次ひずみは，高い周波数側および低い周波数側とも約 5.6 MHz（伝送帯域内の最も高い周波数と最も低い周波数の差）にわたって広がっており，3次ひずみの発生帯域は 16.8 MHz（5.6 MHz×3）となっている。5次ひずみも同様に 5 倍の帯域（28 MHz）に発生しているが，3次ひずみが支配的であることがわかる。

図 3.37 は実際に使用される PA の IMD のスペクトルである。3次ひずみが支配的であり，IMD は −32 dB 程度である。実際に要求される特性は −40 dB 〜−50 dB であり，ひずみ補償が不可欠である。

なお，図 3.34 においては振幅ひずみの影響のみを示したが，位相の非直線性も IMD を発生させる。このため，IMD を低減させるためには，振幅補正

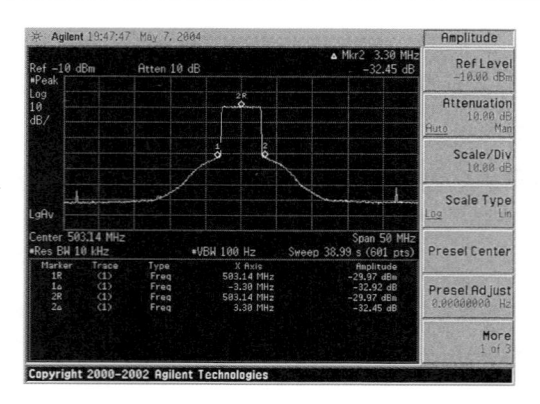

中心周波数：503.14 MHz〔V（レベル）：10 dB / div., H（周波数）：5 MHz / div.〕

図 3.37　PA の非直線性で生じる IMD の
スペクトル（実測値）

だけではなく，位相補正も必要となる（5.2 節参照）。

3.10.2　直線性がよい電力増幅器が必要な理由

OFDM 波は多くの直交したキャリヤが足し合わされた信号であるため，その瞬時振幅は大きく変動し，平均電力の 10 倍を超える瞬時電力が 1/10 000 程度の確率で発生する[19]。このレベル変動の大きい OFDM 波を忠実に伝送するためには，広い直線性をもつ電力増幅器が必要となり，ひずみをあらかじめ補償する方法も含めてさまざまな方法が研究開発されている[†1]。

なお，信号電力/IMD（C/IMD）と等価 CNR の間には式（3.35）が成り立つことが知られている[19]。

$$\text{等価 } C/N \text{ 〔dB〕} \fallingdotseq C/\text{IMD 〔dB〕} - 2.1 \text{ 〔dB〕} \tag{3.35}$$

例えば，C/IMD が 40 dB の場合の等価 CNR は約 38 dB に相当する。地上ディジタルテレビ放送の帯域幅は 5.6 MHz であり，C/IMD は中心周波数から ±3.3 MHz 離れた周波数におけるレベルを測定値としている[†2]。

---

†1　本章では 3 次ひずみが支配的としたが，多チャネル（8 チャネル分）を一括増幅して 50 dB 以上の IMD を得たいような場合には，より高次の項も考慮する必要があり，5.2.1 項の例では 9 次までの補償を行っている。

演 習 問 題

【1】 OFDM 波にマルチパス波（1 波）が加わり，帯域内に 0.5 MHz のリップルが生じたとする。このマルチパス波の遅延時間と希望波（直接波）との伝搬距離差を求めよ。

【2】 ガードインターバル長が 252 μs のとき，隣接シンボルと干渉がない希望波とマルチパス波との伝搬距離差の最大値はいくらか。

【3】 希望波を $\sin(2\pi ft)$，マルチパス波を $r\sin\{2\pi f(t+\tau_d)\}$ で表したとき，合成波の最小レベルに対する最大レベル（比）はいくらか。ここで，$r=0.5$ とし，τ_d は遅延時間とする。

【4】 自動車のような移動体で 2 波を受信する場合を考え，ドップラーシフトを $\varDelta f_D$ とすれば，受信波 1 が $\cos\{2\pi(f-\varDelta f_D)t\}$，受信波 2 が $r\cos\{2\pi(f+\varDelta f_D)t\}$ で表されるものとする。$\varDelta f_D=66$ Hz の場合の受信波（合成波）の時間軸での変動周期〔s〕はいくらか。

【5】 地上ディジタルテレビ放送に用いられている OFDM 変調方式においては，伝送路で生じる振幅・位相の変動を補正するため，図 3.26 に示すように SP が周波数・時間方向に 12 個に 1 個挿入されている。この場合，全体の平均電力に対するデータシンボル電力（すべて同じ電力とする）の比はいくらか。ここで，SP の振幅はデータシンボルの平均振幅の 4/3 倍とする。

---

†2 （前ページの脚注） OFDM 波の帯域外におけるスペクトルレベルは，キャリヤ本数とガードインターバル比に関係する。±3.3 MHz においては，キャリヤ本数が 5 617 本と最も多いモードの場合でも −40 数 dB（ガードインターバル比 1/4），キャリヤ本数が最も少ない（1 406 本）モードでは −35 dB 程度（ガードインターバル比 1/32）となる。このため，伝送装置で要求される −40 dB〜50 dB 程度の IMD を測定する場合は，BPF の挿入が必要となる[19]。

4 OFDMを用いた地上ディジタルテレビ放送の変復調技術

日本のアナログテレビ放送は1953年（昭和28年）に放送が始まったが，そのちょうど50年後にあたる2003年12月から関東，近畿，中京の3大都市圏で**地上ディジタルテレビ放送**（terrestrial digital television broadcasting）が開始された。2006年末には全国の主要都市（県庁所在地）でも放送が始まり，約85％の世帯で視聴が可能となった。

その使用周波数帯を**図4.1**に示す[11]。アナログ放送では，**VHF**（very high frequency）帯（1〜12チャネル：90〜222 MHz）と**UHF**（ultra high frequency）帯（13〜62チャネル：470〜770 MHz）の両方が使われているが，ディジタル放送ではUHF帯のみの使用となり，かつ高チャネルの53〜62チャネルは使用されないこととなっている（通信分野などで使う予定）。

地上ディジタル放送は，高品質で移動受信が可能な映像・音声サービス（高精細でマルチパス・雑音の影響を受けにくい）のほか，参加型番組など双方向サービスが可能，字幕放送・音声速度変換など人にやさしい放送であること，携帯端末など通信ネットワーク・インターネットとの連携が可能，

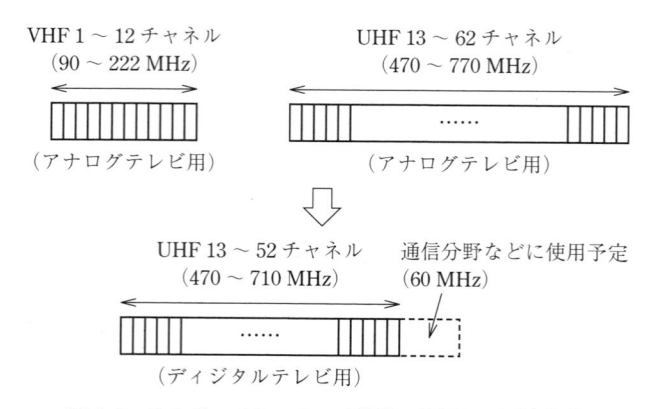

図4.1 地上ディジタルテレビ放送で使用する周波数帯

大量の番組蓄積，容易な番組検索・ランダムアクセスが可能なホームサーバが利用できるなど従来にないさまざまな新しい機能をもっている[20),21)]。

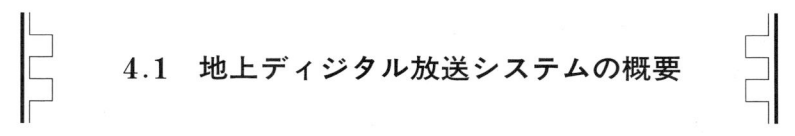

4.1 地上ディジタル放送システムの概要

4.1.1 地上ディジタル放送のキーテクノロジー

地上ディジタル放送にはさまざまな技術が用いられているが，そのキーテクノロジーとしては，つぎの二つがあげられる。

① ビットを削減して伝送帯域を圧縮するための**帯域圧縮技術**

② マルチパスフェージングに強い **OFDM 変調技術**

いずれの場合も実用化の背景には IC, LSI 技術の急速な発展がある。

〔1〕 **帯域圧縮技術**　地上ディジタル放送の大きな特長は，**HDTV** (high definition televsion) すなわち高精細度画像を家庭で楽しめることである。**表 4.1** にディジタルテレビ放送の**画素**（picture element, **pixel**）数を，アナログテレビと同程度の画質をもつ **SDTV**（standard definition television, 標準テレビ）と HDTV を比較したものを示す[6)]。HDTV は SDTV の約 5 倍の画素数となっている。

スタジオでの **HDTV 画像**において，**輝度信号**（luminance signal）の帯域

表 4.1　ディジタルテレビ放送の画面規格

項　目	SDTV (標準テレビ) 480画素 / 640画素	HDTV (ハイビジョン) 1 080画素 / 1 920画素
通　称	480 I*	1 080 I
縦有効画素数	480	1 080
横有効画素数	640/720	1 920
総有効画素数	30.7万/34.6万	207万
画面縦横比	4:3/16:9	16:9
フレーム数/s	29.97	29.97

(注) * I : interlaced scanning（飛越し走査）

幅は 30 MHz であるが，人間の目は色の細かさに対して鈍感なことから，**色信号**（color signal）の帯域幅はその 1/2 の 15 MHz となっている（ただし，色信号は 2 種類必要なため，2 倍の 30 MHz が必要）。これらをディジタル信号に変換するためのサンプリング周波数 f_s は約 75 MHz と規定されている。

量子化（quantization）ビット数 N_q を 8 bit とすれば，その伝送速度は

$$f_s N_q \times 2 = 75 \text{ MHz} \times 8 \times 2 = 1.2 \text{ Gbps} \tag{4.1}$$

となり，きわめて高速な伝送速度が要求される（Gbps, giga-bit per second，ギガビット/秒，G=giga=10^9）。

例えば，各キャリヤを QPSK 変調した場合は理想状態で 600 MHz の帯域幅が必要となり，地上ディジタル放送において周波数利用効率が最もよい 64 QAM を用いても，200 MHz の帯域が必要となる。これを伝送帯域である 6 MHz に収めるためには，誤り訂正やガードインターバルなどの冗長信号（冗長ビット）を考慮しない場合でも 1/40 程度のビット削減が要求される[†]。

このような状況のなか，放送にも使用できる高画質な**帯域圧縮**（bandwidth compression）方式である MPEG-2 が 1994 年に規格制定された。ちょうど時期を同じくして LSI 技術も急激な進展を見せ，複雑な圧縮処理がワンチップで実現できるようになり，コスト面も含めて地上ディジタル放送の実用化が可能となった。ここで，**MPEG** とは Moving Picture Experts Group の頭文字をとったものである。

MPEG は当初，アナログテレビ程度の解像度を対象とした **MPEG-2** と高精細度の HDTV 用の MPEG-3 に分かれていたが，MPEG-3 は MPEG-2 に吸収され，1.5 Mbps 以上の伝送速度についてはすべて MPEG-2 がカバーしている。

MPEG にはこのほかに超低ビットレートの **MPEG-4** などがあり，2006 年 4 月から開始された携帯端末向けのいわゆる"ワンセグ放送"においては，MPEG-4 AVC（advanced video coding）/H.264 規格が採用されている[22]。

[†] 実際は冗長ビット，音声信号への割当てなどが必要であり，2 倍の 1/80 程度の圧縮度が要求される（4.2.3 項参照）。

4.1 地上ディジタル放送システムの概要

MPEG-2 においては，信号圧縮技術として **DCT**（discrete cosine transform，**離散コサイン変換**），**VLC**（variable length coding，**可変長符号化**），**MC**（motion compensation，**動き補償**）が用いられている[6]。

画像は周波数領域において，低周波にエネルギーが集中する傾向をもつ。DCT はこの性質を利用して低周波成分には符号化ビット数を多くし，エネルギーが少なく，かつ目の感度も鈍い高周波成分には割当てビット数を少なくしてビット数を削減している。

VLC は出現確率の大きいデータは短い符号とし，たまにしか現れないデータには長い符号を割り当てることにより全体のデータ量を削減する方式で，地上ディジタル放送では，**ハフマン符号**（Huffman coding）が採用されている。

動き補償とは，**動きベクトル**（motion vector），すなわち，動画において画像のある部分がどの場所に移動したかを示す情報を利用して，動きのある部分のみの情報を伝送することでデータ量を削減している。

音声の圧縮方式についてはマスキング効果と離散コサイン変換の一種である **MDCT**（modified DCT）により圧縮率を高めた MPEG-2 **AAC**（advanced audio coding）が用いられている。マスキング効果とはある周波数の大きな音があるとこれに近い周波数の小さな音が聞こえなくなる現象をいい，周波数領域においてマスキングレベルを超える耳に聞こえる部分のみを符号化することにより大幅なビット削減を行っている。なお，MDCT を用いる理由は時間波形を周波数領域に変換したほうがビット数を少なくできるためである。

これにより，ステレオ音声の場合でも 96 kbps 程度の伝送速度で CD 並みの音質が得られている（圧縮率は約 1/15[†]）。

〔2〕 **OFDM 変調技術**　　もう一つのキーテクノロジーがマルチキャリヤで反射に強い OFDM 変調方式の採用である。アナログテレビにおいては，ビルや山岳からの電波の反射により時間遅れのある反射波（マルチパス波）が本

[†] 非圧縮音声の伝送速度は，サンプリング周波数を 48 kHz，直線量子化ビット数を 16 bit とすれば，1 536 kbps（＝48 kHz×16 bit×2 チャネル）となる。圧縮後の伝送速度は 96 kbps であるから，圧縮率は約 1/15 となる。

来の受信すべき電波に混入し，テレビ画面に2重，3重の画像（ゴースト）を生じさせ，高画質受信を妨げてきた。

また，日本は約70％が山岳地であるため，送信局の数が約15 000局ときわめて多く（国土が約25倍のアメリカは，約7 000局[23]），かつアナログ放送の停止予定である2011年まではアナログ放送とディジタル放送の両方を出す必要があることから利用できる周波数は非常に限られている状況である。

このため，ディジタル放送においては隣接する送信局間で同じ周波数を使用する **SFN**（single frequency network，**単一周波数ネットワーク**）を多数の局で導入せざるを得ず，SFNを実現できる可能性をもつOFDMの採用はどうしても必要であった†。

アナログ放送では，異なる送信局から同一の番組を同一の周波数で送信した場合，両方の送信局からの信号が受信できる地点では，マルチパスを受ける状況と同じとなり，画面にゴーストが生じる。このため，周波数を変えて再送信を行ってきた。このようなネットワークを **MFN**（multiple frequency network）という〔**図4.2**（a））。

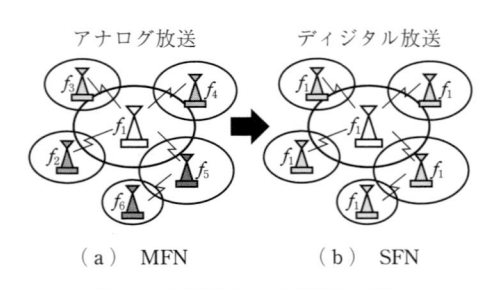

（a） MFN　　　　（b） SFN

図4.2 MFNおよびSFNの構成

SFNは図（b）に示すように同一の番組を同一周波数で送信する方式であり，周波数を有効に利用できるとともに受信者がチャネルを変更する必要がないなどのメリットをもつ。ただし，受信波を同じチャネルで再送信する中継局においては送信電波の受信電波への回り込み波を抑圧する必要があることや，

---

† 同一周波数で同じ番組内容をもつ他局からの電波(妨害波)はマルチパス波と見なせる。

周波数同期の手段，遅延時間の調整が必要であるなどさまざまな課題があり，5.1節のような新しい技術が開発されている。

OFDMは多数のキャリヤ（日本の地上ディジタル放送では最大5 617本）によって構成されているため，信号波形を得るためには複雑な処理が要求されるが，大規模ICが比較的安価に使えるようになったことにより，初めて実用化が可能となった。また，IC化により各キャリヤの周波数・位相の変動などをきわめて小さく抑えられるようになったことも大きい。

4.1.2 日本，ヨーロッパおよびアメリカの放送方式比較

地上ディジタルテレビ放送を世界的に見た場合，日本，ヨーロッパ，アメリカの3方式がある。ヨーロッパの地上ディジタル放送は1998年にイギリスで放送が始まったのに続き，スウェーデン，スペイン，フィンランドなど各国で放送が開始され，アナログ放送を2012年までに停止することを目標に作業が進められている。一方，アメリカにおいてはイギリスと同様1998年に放送が開始され，アナログ放送は2009年に停止の予定である。

表4.2は日本方式（integrated services digital broadcasting-terrestrial, **ISDB-T**），ヨーロッパ方式（digital video broadcasting, **DVB**），およびアメリカ方式（advanced television system committee, **ATSC**）を比較したものである[2),6)]。

変調方式としては日本，ヨーロッパではOFDM，アメリカでは8 VSBが採用されている。このように変調方式が異なる理由は各国の周波数事情，品質への要求条件が異なるためである。これに対して，帯域圧縮方式は世界的に統一されており，日本の**衛星ディジタル放送**（broadcasting satellite, **BS**）においてもMPEG規格を採用している。

日本はヨーロッパと同じOFDM方式であるが，伝送帯域（約5.6 MHz）を13個のセグメントに分割し，そのうちの1セグメントを携帯端末での受信に割り当てていることが大きな特徴である。ヨーロッパ方式はこのような構造をとっていないため，携帯端末向けの放送を行うためには別チャネルが必要と

表 4.2　各国の方式比較

項　目	日本（ISDB-T）	ヨーロッパ（DVB-T）	アメリカ（ATSC）
変調方式	OFDM（QPSK, 16QAM, 64QAM, DQPSK）	OFDM（QPSK, 16QAM, 64QAM）	8 VSB
帯域幅	約 5.6 MHz（13 セグメントに分割）	6, 7, 8 MHz	約 5.4 MHz
キャリヤ数	1 405/2 809/5 617	1 705 および 6 817	1
シンボル長	252 μs～1.008 ms	224 μs～1.024 ms	92.9 ns
誤り訂正	畳込み＋リードソロモン	畳込み＋リードソロモン	トレリス＋リードソロモン
データ伝送速度	約 3.6～23.2 Mbps	約 4.3～32 Mbps	約 19.4 Mbps
所要 CNR	3.1～20.1 dB	3.1～20.1 dB	15.2 dB
圧縮・多重方式	〈12セグメント：固定受信用〉 映像：MPEG-2 Video（固定受信用12セグメント） 音声：MPEG-2 AAC（advanced audio coding） 〈1セグメント：携帯端末用〉 MPEG-4〔（AVC（advanced video coding）/ H.264〕 多重方式：MPEG-2 systems	映像：MPEG-2 Video 音声：MPEG-2 AAC 多重方式：MPEG-2 systems	映像：MPEG-2 Video 音声：AC-3 多重方式：MPEG-2 systems

（備考）　ISDB-T：Integrated Services Digital Broadcasting Terrestrial, DVB-T：Digital Video Broadcasting Terrestrial, ATSC：Advanced Television System Committee

なる。

　また，アメリカで採用されている **8 VSB**（8-level vestigial sideband）変調方式はシングルキャリヤ変調方式であるため，本質的にマルチパスの影響を受けやすい。このため，SFN には適しておらず，移動体向け放送も不得手な方式となっているが，高性能誤り訂正技術などを利用して克服を図っている。

　この方式は，OFDM と比べると構成が簡単であるため，送受信機を含めたシステムコストは安価といえる。ただし，最近の LSI 技術の進展や大量生産効果を考えると大きな差とはいえない状況にはなってきている。

4.1.3 日本の地上ディジタルテレビ放送方式の特長

日本の地上ディジタルテレビ放送（統合ディジタル放送，ISDB-T）は，テレビ受信の大半を占める各家庭における固定受信，携帯端末・自動車に代表される移動受信などさまざまな受信形態に対応できる方式となっている[†]。

技術面から見たおもな特長は以下のとおりである。

① HDTV 放送が可能。アナログテレビ程度の画質なら 1 チャネルで，独立した**多チャネル番組**（multi-channel program）の伝送が可能。
② 移動体サービスが可能
③ SFN が可能

①は主として帯域圧縮技術，②と③はマルチパスフェージングに強い OFDM により実現されたものである。

4.1.4 アナログ放送とディジタル放送の比較

表 4.3 はアナログ放送とディジタル放送を比較したものである[6]。

ハイビジョンの伝送が可能なこと，移動体受信が可能でマルチパスの影響を受けにくいことなどアナログ放送に比べてほとんどの面で優れているが，1〜2 秒の遅延が生じることに注意を要する。

この遅延はおもに MPEG-2 での画像圧縮と OFDM 変調器の時間インタリーブにより生じ，アナログ放送が基本的にリアルタイム放送であるのと対照的

表 4.3　アナログ放送とディジタル放送の比較

項　目	アナログ放送	ディジタル放送
高　画　質	不可	可
多チャネル	不可	可
データ放送	内容に制限	多様なサービス可
移動体受信	困難	パラメータ選定により可能
マルチパスの影響	画質劣化（ゴースト）	画質に影響せず
周波数有効利用	局ごとに別周波数が必要	SFN（単一周波数）が可能
遅　　延	なし	あり（1 秒以上）

[†] 衛星ディジタルテレビ放送は ISDB-S（satellite）と称されており，変調方式のみが異なっている（シングルキャリヤの 8 PSK トレリス符号化変調）。

である。放送においては，大きな問題とはならないが，番組中継などに使用し，中継現場とスタジオ間でかけ合い（やり取り）がある場合などは，注意する必要がある（OFDMのみならず，ディジタル伝送の特質）。

図 4.3 にアナログ放送とディジタル放送の放送システムの比較を示す。図（a）はアナログ放送，図（b）はディジタル放送である。アナログテレビにおいては，スタジオからの映像信号は中間周波数帯で帯域節約のためVSB-AM変調され，同じく音声は中間周波数帯でFM変調される。

（a）アナログ放送

（b）ディジタル放送

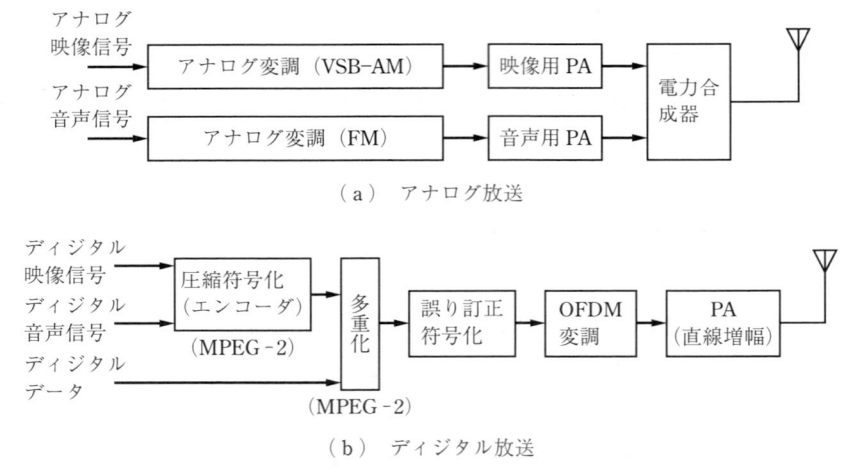

図 4.3　アナログ放送とディジタル放送の放送システムの比較

この後，テレビ帯周波数（搬送周波数）に変換され，それぞれ電力増幅される。この映像出力と音声出力は電力合成されてアンテナから放射される。電力増幅後に合成しているのは，1台の電力増幅器（PA）で同時増幅すると，増幅器の非直線性により**相互変調積**（intermodulation product）†が生じ，画質が劣化するためである。

一方，ディジタル放送の送信系統においては，入力の映像信号，音声信号，などのディジタル信号は圧縮符号化（ビット削減）された後，時分割多重によ

---

† 増幅器の非直線性により生じる不要放射成分。映像波と音声波を同時増幅する場合は，画面内のビート（縞）や不要放射（スプリアス放射）を生じる。

り合成され，1本の **TS**（transport stream）**信号**（4.2.1項参照）として入力される．その後，誤り訂正信号が付加された後，OFDM変調され，電力増幅後，電波として放射される．したがって，ディジタル送信機においては，音声送信機および電力合成器は不要となる．

また，ディジタル放送はアナログ放送に比べて，必要な受信電力は約1/10であり（4.3.5項参照），PAも通常のシングルキャリヤを用いたディジタル変調方式であれば，1/10程度の出力を出せるものでよい．

しかし，OFDMはマルチキャリヤ信号であり，平均電力とピーク電力の差が10 dB以上あるため，相互変調による等価CNRの劣化（誤り率の増加）を許容範囲内に抑えるためには使用する電力増幅器の**バックオフ**（back-off，電力増幅器の飽和出力からの低下レベル）量は10 dB以上必要である．

例えば，定格出力[†]が1 kW（平均電力）の場合は，10 kWの出力を出せる高コストの電力増幅器が必要となる．10 kWの能力をもつ電力増幅器は，動作電圧も高く，直線性を確保するためにバイアス電流も多く流す必要があり，1/10の出力（1 kW）で使用する場合の電力効率は大きく低下する．電力増幅器の高効率化も課題の一つである．

図4.4にアナログ放送とディジタル放送の周波数スペクトルを比較して示す．帯域幅は，アナログ放送と同じ約6 MHzである．アナログ放送のスペク

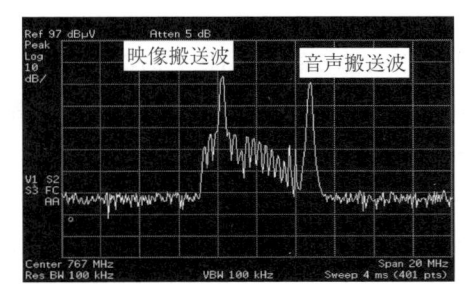

（a）アナログ放送（V：10 dB／div.，H：2 MHz／div.）

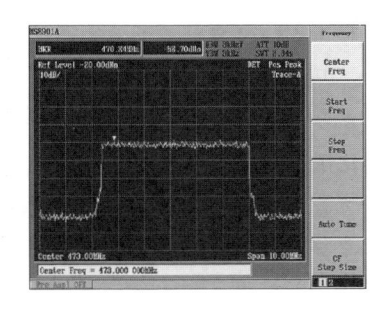

（b）ディジタル放送（V：10 dB／div.，H：1 MHz／div.）

図4.4 アナログ放送とディジタル放送の周波数スペクトル比較

[†] 連続して出すことができる出力．

トルは**映像搬送波**（video carrier）と**音声搬送波**（sound carrier）付近にスペクトル成分が集中しているが，ディジタル放送では平たんな特性となっている。このことから，アナログ放送の映像搬送波の実効電力と OFDM 波（キャリヤ数 5 617 本）の平均電力が等しいとし，各キャリヤの電力を同じとすれば，OFDM 波の振幅レベルは，映像搬送波に比べて 37.5 dB 低い値〔＝10 log (1/5 617)〕となる。すなわち，OFDM 波は帯域内でエネルギーが分散しているため，振幅レベルはアナログ波に比べて非常に小さい。また，帯域外成分も少ないため隣接チャネルと混信を起こしにくい。このため，アナログ放送においては不可能であった隣接チャネルを使用でき，電波の有効利用を図ることができる[†1]。

電波法上の指定周波数については，アナログ放送は映像搬送波 f_v と音声搬送波 f_a（$=f_v+4.5\,\mathrm{MHz}$）が指定されているが，ディジタル放送では帯域の中心周波数（使用キャリヤ数が 5 617 本の場合は，2 808 番目のキャリヤ周波数）が指定されている。送信電力については，アナログ放送が映像搬送波のピーク電力で指定されているのに対し，ディジタル放送は平均電力で指定されている。

4.1.5　伝送パラメータ

表 4.4 に伝送パラメータを示す[6]。5.6 MHz[†2] の帯域は 13 の**セグメント**（segment）に分割され，各セグメントの帯域は，約 430 kHz である。13 のセグメントは，セグメントごとに変調が可能で，3 階層まで選ぶことができる**階層化伝送方式**（hierarchical transmitting method）を採用している。

アナログ放送とは異なり，**伝送モード**（transmission mode）があるのもディジタル放送の特徴である。モードは移動受信用のモード 1，移動と固定受信との両立を考慮したモード 2，固定受信用（広域・大規模 SFN を考慮）のモ

[†1] 関東地区では，20〜28 チャネルの計 9 チャネルが連続的に割り当てられている。

[†2] 上下端キャリヤも含め，99 ％のエネルギーを含む帯域は 5.61 MHz であるが，電波法ではこれを切り上げて 5.7 MHz としている。

表 4.4 伝送パラメータ

モード	モード1 (移動受信用)	モード2 (移動/固定受信用)	モード3 (固定受信用)
セグメント数	13 (1セグメントの帯域：428.57 kHz (＝3 000 kHz/7))		
キャリア間隔	3.968 kHz (250 kHz/63)	1.984 kHz (125 kHz/63)	0.992 kHz (125 kHz/126)
帯域幅 (上下キャリヤ間)	5.575 MHz	5.573 MHz	5.572 MHz
キャリア数	1 405	2 809	5 617
シンボル数／フレーム	204		
キャリア変調方式	$\pi/4$ シフト DQPSK, QPSK, 16QAM, 64QAM		
有効シンボル長	252 μs	504 μs	1.008 ms
ガードインターバル長	63 μs(1/4*), 31.5 μs(1/8), 15.75 μs (1/16), 7.875 μs (1/32)	126 μs(1/4), 63 μs(1/8), 31.5 μs (1/16), 15.75 μs (1/16)	252 μs(1/4), 126 μs(1/8), 63 μs (1/16), 31.5 μs (1/32)
フレーム長	57.834 ms (1/8)	115.668 ms (1/8)	231.336 ms (1/8)
時間インタリーブ	0, 0.125, 0.25, 0.5, 1 s		
IFFT/FFT サンプリング周波数	8.127 MHz (512 MHz/63)		
内符号 (畳込み符号)	符号化率：1/2, 2/3, 3/4, 5/6, 7/8		
外符号 (RS符号)	RS (204, 188)		
データ伝送速度†	3.65〜23.23 Mbps		

(注) ＊ ガードインターバル比 (ガードインターバル長/有効シンボル長)

ード3の3種類を選択できるようになっているが，現在はモード3で運用されている．

モードの違いはキャリヤの本数によるもので，モード1のキャリヤ本数は1 405本でキャリヤ周波数間隔は約4 kHz，モード2は2 809本で間隔は約2 kHz，モード3は5 617本で間隔は約1 kHzとなっている．

モード1のキャリヤ間隔が広いのは，移動受信時の**ドップラー効果**（Dop-

† 誤り訂正，ガードインターバルなどを除いた本来送るべき情報データの伝送速度．

pler effect）などの影響を考慮しているためである（3.7.3項）。モード3の固定受信において，キャリヤ数が多いのはシンボル長（有効シンボル長）を約1 msと長くして（ガードインターバル長もこれに比例して長くなる），伝送路で生じるマルチパスやSFN時に生じる長い遅延時間波の影響をできるだけ抑えるためである。

ガードインターバル長は，有効シンボル長の1/4，1/8，1/16，1/32のなかから選択できるようになっており，最長252 μsである。ガードインターバル長はマルチパス対策を考えれば，長いほうが望ましいが，その分冗長ビットが増えてデータ伝送容量が少なくなるため，トレードオフがある。

キャリヤ変調方式はセグメントごとに，π/4オフセットDQPSK，QPSK，16 QAM，64 QAMが選択できるようになっている。64 QAMは最も周波数利用効率がよいので固定受信用として，振幅方向に情報をもたないQPSKが携帯端末用（ワンセグ放送用）として使用されている。

なお，受信に際して重要な制御・基準信号であるTMCC，ACは所要CNRが小さく，復調が容易なDBPSK（差動2相位相シフト変調）が用いられている。また，その振幅をデータシンボルの平均振幅の4/3倍（+2.5 dB）とすることにより，雑音・干渉などに対して強くしている。

このように，各キャリヤはさまざまな方式で変調されるが，各変調方式でキャリヤのレベルが同じの場合は変調方式によって平均電力が異なってくる。

このため，各変調方式における信号点を$Z(=I+jQ)$としたとき，各変調方式の平均レベルをQPSKおよびπ/4シフトDQPSKでは$Z/\sqrt{2}$，16 QAMでは$Z/\sqrt{10}$，64 QAMでは$Z/\sqrt{42}$とすることにより，平均電力を同一としている（2.3.2項参照）。

IFFT/FFTサンプリング周波数は約8.127 MHzで，その許容偏差は0.3×10^{-6}（8.127 MHz$\times 0.3 \times 10^{-6} \fallingdotseq$2.4 Hzに相当）を超えないことと定められている[†]。誤り訂正は**内符号**（inner code）として畳込み符号，**外符号**（outer

---

[†] サンプル点の変動の影響を最も受けやすい帯域端の±2.8 MHzにおいてもキャリヤ周波数偏差の許容値である1 Hz以下（4.3.2項）になるように規定されている。

code）としてリードソロモン符号 RS（204, 188）が用いられている。

表 4.5 に各モードにおけるセグメント内のキャリヤ本数を示す[8]。運用中のモード 3 のキャリヤ数は，432 本でデータ用に 384 本が割り当てられている。あとの 48 本は，モードやキャリヤ変調方式などを制御するための **TMCC 信号**（transmission and multiplexing configuration control, **伝送多重制御信号**）やマルチパスの補正や受信機の同期・復調用のための **SP**（scattered pilot）**信号**，受信機での同期・復調用の **CP**（continual pilot）**信号**，および **AC**（auxiliary channel）[†] **信号**に使用されている。

表 4.5　1 セグメント内のキャリヤ本数

伝送モード	モード 1	モード 2	モード 3
総キャリヤ数	108	216	432
差動セグメント（差動検波が必要なセグメント）			
データ伝送	96	192	384
TMCC	5	10	20
CP	1	1	1
AC1（補助チャネル）	2	4	8
AC2（同上）	4	9	19
同期セグメント（同期検波が必要なセグメント）			
データ伝送	96	192	384
TMCC	1	2	4
SP	9	18	36
AC1（補助チャネル）	2	4	8

4.1.6　実際の運用モード

表 4.4 には規格化されたパラメータをすべて記載したが，実際に運用できる伝送パラメータは**表 4.6** のように制限されている[22]。13 のセグメントは，最大 3 階層まで選ぶことができるようになっている（変調方式など伝送パラメータを三つまで自由に選べるようになっている）が，現在は 2 階層，すなわち 12 セグメントの固定受信階層と 1 セグメントの携帯受信階層で運用されている（下線付きの太字が実際の運用パラメータ）。

[†] 補助チャネル。放送局で独自に付加情報を伝送できるチャネル。

表4.6 運用可能な伝送パラメータ

項　目	固定受信階層（12セグメント）		携帯受信階層（1セグメント）	
モード	**モード3**, モード2			
ガードインターバル比（ガードインターバル長/有効シンボル長）	モード3：1/4, **1/8**, 1/16 モード2：1/4, 1/8			
時間インタリーブ長 (I)	モード3：$I=1$ (125 ms), 2 (250 ms), **4 (500 ms)** モード2：$I=2, 4, 8$ (1 s)			
変調方式	64 QAM	16 QAM	16 QAM	QPSK
畳込み符号の符号化率	7/8, 5/6, **3/4**, 2/3, 1/2	2/3, 1/2	1/2	**2/3**, 1/2

（注）　下線付きの太字が実際に運用されているパラメータ。

図4.5 にセグメント構造を示す。携帯受信用の1セグメント（No.0セグメント）が中央に割り当てられている理由は，携帯端末でのチューニングを容易にするためである。また，固定受信用の12セグメントはすべてのセグメント間で周波数インタリーブが行われているが，携帯受信用の1セグメントはセグメント内のみとなっており携帯で独立して受信できるようになっている。これにより小サイズのFFTを用いることができるため，回路規模も小さくなり，携帯での電池消耗も少なくなる。

モードについては，シンボル長が最も長く，マルチパスに強いモード3（キャリヤ数：5 617本）が使われている。固定受信階層の16 QAMは，非常災害

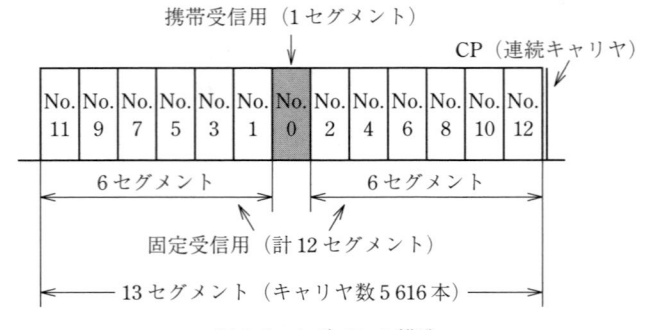

図4.5 セグメント構造

時など緊急時にのみ使用される。16 QAMは，64 QAMに比べて受信機での所要CNRが約6 dB小さくてすむため（2.4.3項参照），情報伝達エリアは大きくなる。

ガードインターバル長は，当初，252 μs（有効シンボル長の1/4）で運用が考えられていたが，混信に対する誤り訂正能力の強化などにより冗長ビットが増大し，データ伝送容量（データ伝送速度）が低下してきたことなどから126 μs（1/8）で運用されている。また，伝送容量が大きくとれる63 μs（1/16）が残されているのは，アナログ放送終了時においてMFNが可能となる場合を考慮しているためである[24]。

なお，帯域最右端（上限）には受信機の同期・復調用の連続キャリヤCP信号が時間方向の各シンボルに1本配置されている。

4.2　地上ディジタル放送の変復調技術

4.2.1　送受信システムの系統

図4.6に2階層伝送時の地上ディジタル放送送受信システムの基本構成を示す。帯域圧縮を行う**情報源符号化**（source coding）部と**伝送路符号化**（channel coding）部（OFDM変調部）からなっている。12セグメント用ディジタル信号は，情報源符号化部すなわちMPEG**エンコーダ**（encoder，**符号器**）で，映像はMPEG-2 VIDEO，音声はMPEG-2 AACでビット削減される。

一方，携帯受信用の1セグメント用信号はMPEG-4 AVC/H.264で同じくビット削減され，**多重化部**（multiplexing part）で1本のTS信号にまとめられる。その後，TS再多重化部に入力され，ヌルバイト（16 byte）を付加した204 byteのパケットストリームに変換される。ヌルバイトは，誤り訂正のための外符号としてのリードソロモン（RS）符号と置き換えられたあと，畳込み符号が付加される。ここでTSとは，188 byteの固定長からなるTSパケット（TSP）が連続したストリームとなったもので，その構造を図4.7に示す[11]。

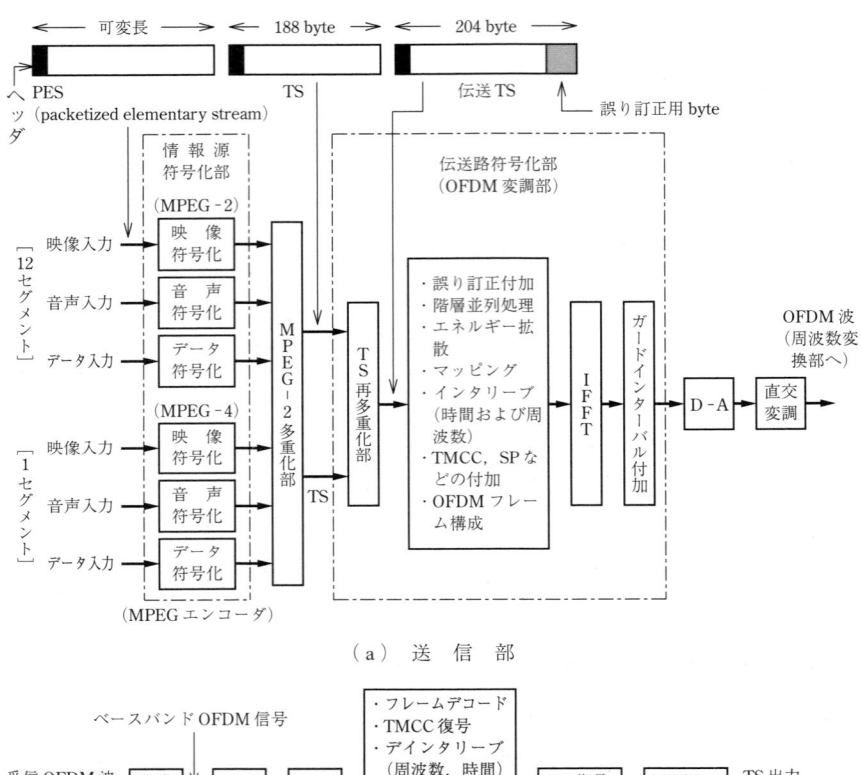

図4.6 2階層伝送時の送受信システムの基本構成

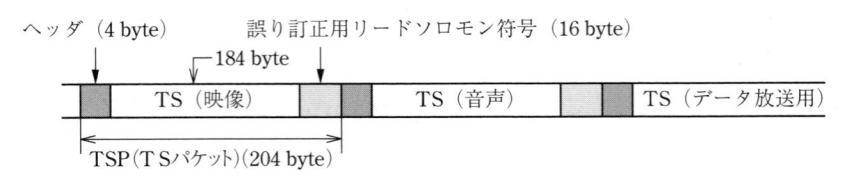

(a) 送信部

(b) 受信部

図4.7 TS信号の構造

インターネットと同じようなパケット構造となっているが，大きく違うところは一定の伝送速度をもつストリーム伝送となっている点である．1 パケットの長さは 204 byte の固定長で，そのうち 188 byte が情報データである．ただし，パケットの中身（映像，音声およびデータの区別）を示す**ヘッダ**（header）と呼ばれる 4 byte が先頭に付けられている．**ペイロード**（payload）と呼ばれる映像，音声などのデータバイトは 184 byte で，あとの 16 byte が誤り訂正符号（RS 符号）となっており，8 byte までの誤りを訂正できる．

なお，標準テレビ（STV）1 コマ分の画像と音声を伝送するためには，圧縮率を 1/80 とすれば，映像用に約 40 個，音声用に 1 個のパケットが必要である[†]．

伝送路符号化部と受信部の詳細な構成を**図 4.8** に示す．RS 符号化後の信号は二つに分けられ，それぞれエネルギー拡散と，前後の相関をなくすバイトインタリーブが行われる．エネルギー拡散とは変調波のエネルギーが特定のところに集中することを抑えるとともに受信側で信号からのクロック再生を容易するため，"0" や "1" が長時間続かないようにする操作である．

画像などのデータは時間的・空間的に相関性が強いため，確率的に "0" や "1" が続くことが多く，エネルギーが特定のところに集中する．このエネルギーを拡散させるため，RS 符号の同期信号や TMCC が入っている部分（1 byte）を除いたデータと擬似ランダム信号（15 bit）のエクスクルーシブ OR をとることより行っている．

畳込み符号化が行われた後，12 セグメントは 64 QAM マッピング，1 セグメントは QPSK マッピングされた後，再び合成される．続いて，移動受信性能と耐マルチパス性能を向上させるため，時間軸および周波数軸上での相関をなくす時間インタリーブと周波数インタリーブが施される．つぎに，制御用の

[†] 標準テレビの総画素数を約 300 000 とし（表 4.1），輝度信号，色信号の量子化ビット数をそれぞれ 8 bit とすれば
　　　総ビット数 ＝ 300 000 × 8 bit × 2 ＝ 4 800 000 bit
となる．圧縮率を 1/80 とすれば，伝送ビット数は 60 000 bit となる．
　一方，1 個の TS パケットで伝送できるバイト数は 184 byte で，ビット数に直せば 1 472 bit（184 × 8 bit）となる．必要パケット数は総ビット数/1 パケットのビット数であるから，60 000 bit/1 472 bit ≒ 40 個となる．

(a) 伝送路符号化部の構成

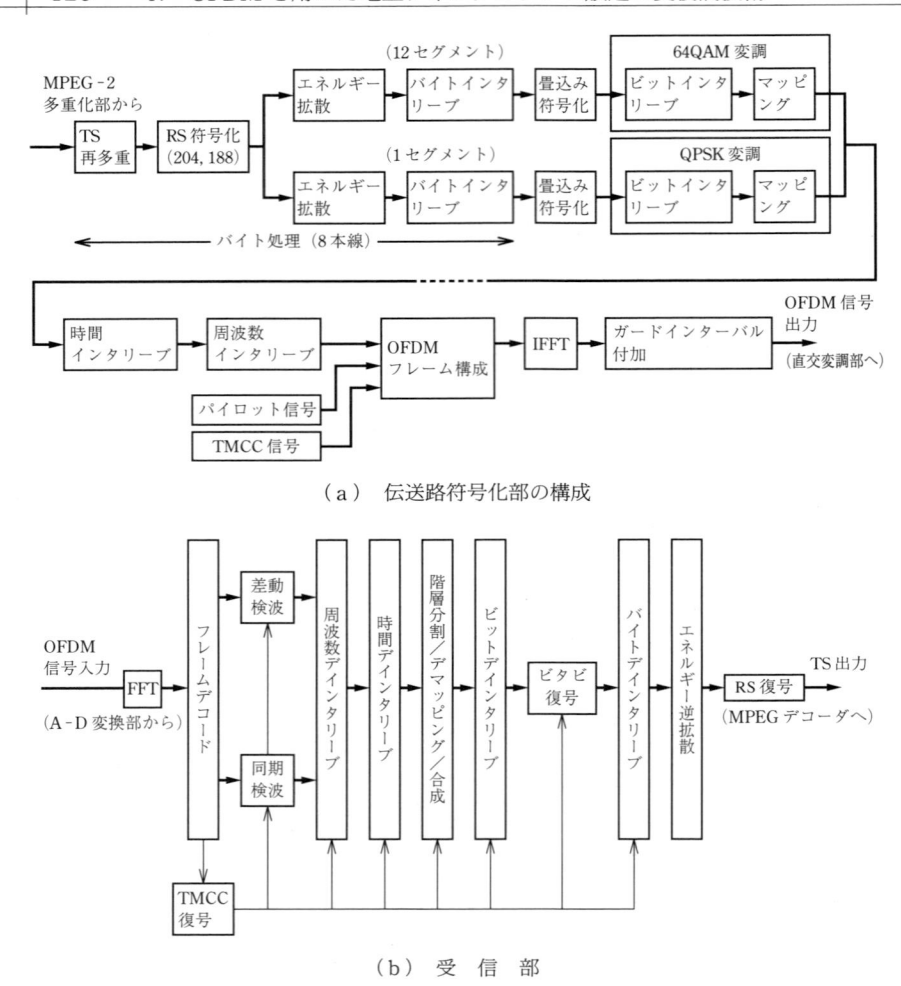

(b) 受信部

図 4.8 2階層伝送時の伝送路符号化部と受信部の構成

TMCCやパイロット信号であるSP，CP，およびAC（AC 1）が付加され[†]，図4.9に示すOFDMフレームが構成される。ガードインターバルは，IFFTの出力で付加される。続いて図4.7に示すようにD-A変換された後，直交変調され，放送周波数帯にアップコンバートされて送信される。

---

† TMCC，AC 1の配置はマルチパスによる周期的なディップの影響を少なくするため，周波数方向にランダムに配置されている。

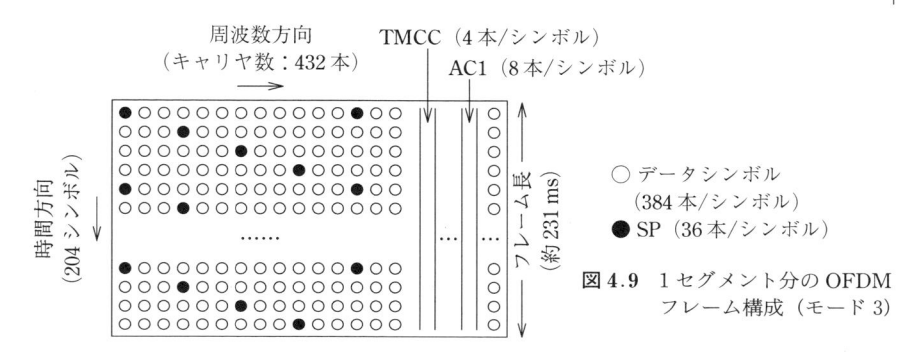

4.2 地上ディジタル放送の変復調技術

図 4.9 1セグメント分のOFDMフレーム構成（モード3）

- 周波数方向（キャリヤ数：432本）
- TMCC（4本/シンボル）
- AC1（8本/シンボル）
- 時間方向（204シンボル）
- フレーム長（約231 ms）
- ○ データシンボル（384本/シンボル）
- ● SP（36本/シンボル）

一方，受信部においては，低域に周波数変換された信号をA–D変換した後 8.127 MHz（512/63 MHz）のサンプリング周波数で 8 192（$=2^{13}$）サイズのFFTを行うことにより，5 617本のキャリヤを分離・復調する．この後，検波・デインタリーブを行い，セグメント番号の小さい順，セグメント内では制御シンボルなどを除いたデータシンボルを周波数の低い順に並んだ状態で階層分割部に入力する．つぎにデマッピング[†]，誤り訂正を行い，復調TS信号を出力する．なお，A–D，D–A変換の量子化ビット数は，ピークマージンも含めて 14 bit 程度が必要となる．**図 4.10** は2階層伝送時のコンスタレーション

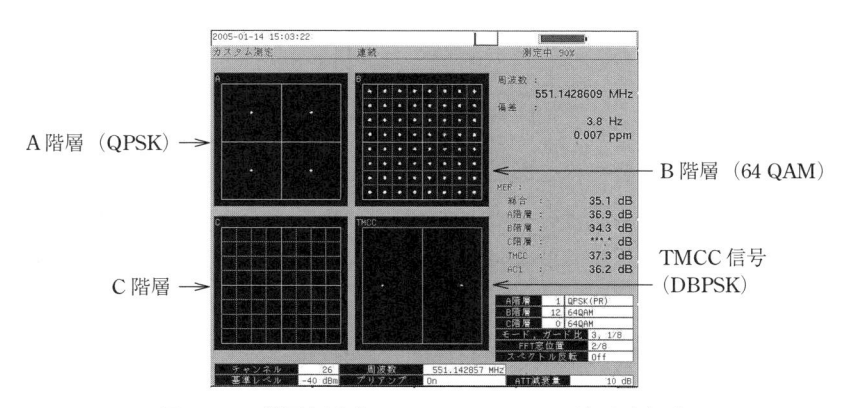

図 4.10 2階層伝送時のコンスタレーション波形（実測）

- A階層（QPSK）
- B階層（64 QAM）
- C階層
- TMCC信号（DBPSK）

[†] 入力は N_q（量子化ビット数）本。12セグメントについては並列3 bit（各軸），1セグメントについては各軸1 bitを出力する．

である．図中のAがA階層（携帯用）のQPSK変調信号，BがB階層の固定受信用（12セグメント）の64QAM変調信号である．C階層（図のC）は使用していないため，出力は現れていない．

4.2.2 携帯受信端末の系統

図 4.11 に携帯受信端末の基本構成を示す[25]．チューナで周波数変換された受信 **RF**（radio frequency，無線周波数）信号を OFDM 復調部で 1.016 MHz （=8.127 MHz/8）のサンプリング周波数でサンプリングした後，1 024（= 2^{10}）サイズの FFT を行うことにより，433 本（上隣接の SP キャリヤ 1 本を含む[†]）のキャリヤを復調する．復調後の TS 信号は TS デコーダで映像 TS と音声 TS に分けられた後，MPEG-4 デコーダに入力され，その出力信号（映像，音声など）はディスプレイおよびスピーカに導かれる．

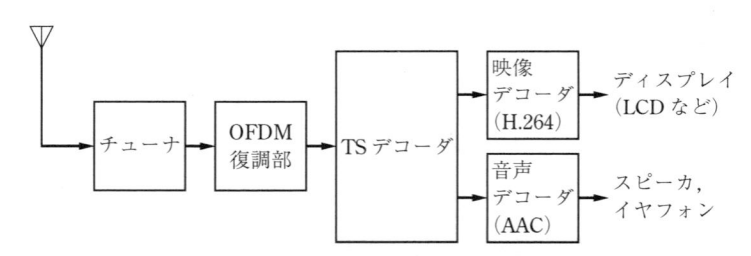

図 4.11 携帯受信端末の基本構成

携帯受信端末においては小形化が必須であるため，チューナにおける周波数変換方式としては，外付けの SAW フィルタ（弾性表面波フィルタ）などが不要な方式，すなわち，中間周波数に変換せず，RF 信号を直接，ベースバンドに変換する方式などが用いられている．また，受信は 1 セグメントのみで，周波数帯域が約 430 kHz ですみ，また変調方式も QPSK と 16 QAM の 2 種類に限定されていることから，12 セグメント受信に比べると大幅な小形化，低電力化が可能である．

[†] SP にはインタリーブがかけられていない．

4.2.3 地上ディジタル放送の伝送速度（ビットレート）

表 4.4～表 4.6 のパラメータをもとに，運用中のモード 3 における地上ディジタル放送のさまざまな条件におけるビットレートを求めてみる。

〔1〕 **伝送可能な最大ビットレート**　まず，誤り訂正やガードインターバルなど冗長な信号を考慮しない場合の地上ディジタル放送で伝送できる最大のビットレート R_{max} を求める。ビットレートは毎秒当り伝送できるビット数であるから，セグメント数を N_s，1 セグメントのキャリヤ数を M_s，1 シンボルで伝送できるビット数を B_s，シンボル長を T とすれば，式 (4.2) で表される。

$$R_{max} = \frac{N_s M_s B_s}{T} \tag{4.2}$$

最大のビットレートを伝送できるのは 64 QAM 変調時であるから，$N_s=13$，$M_s=432$，$B_s=6$，$T=1.008$ ms を代入すれば，$R_{max} ≒ 33.4$ Mbps となる。

〔2〕 **実際のビットレート**　実際には，誤り訂正符号やガードインターバル，TMCC，SP など制御・基準信号が付加されるため，実際のビットレート R はこの値より低下し，T を有効シンボル長とすれば，式 (4.3) で表される。

$$R = \frac{N_s M_s B_s C_R (188/204)}{(1+G_R) T} \tag{4.3}$$

ここで，C_R は内符号（畳込み符号）の符号化率，188/204 は外符号（リードソロモン符号）の符号化率，G_R はガードインターバル比（ガードインターバル長/有効シンボル長），M_s は制御・基準信号を除いた 1 セグメントのデータキャリヤ数である。

まず，固定受信用のビットレート R_{HV} を求める。$N_s=12$（12 セグメント使用），$M_s=384$，$B_s=6$（64 QAM）とし，運用値の $C_R=3/4$，$G_R=1/8$（ガードインターバル長 126 μs），$T=1.008$ ms を式 (4.3) に代入すれば

$$R_{HV} = \frac{12 \times 384 \times 6 \times 3/4 \times 188/204}{1.126 \times 1.008 \times 10^{-3}} ≒ 16.85 \text{ Mbps}$$

となる。携帯受信端末用のビットレート R_{MOV} は，$N_s=1$（1 セグメント），$M_s=384$，$B_s=2$（QPSK）とし，運用値の $C_R=2/3$，$G_R=1/8$，$T=1.008$ ms を代入すれば

$$R_{MOV} = \frac{1 \times 384 \times 2 \times 2/3 \times 188/204}{1.126 \times 1.008 \times 10^{-3}} \fallingdotseq 416 \text{ kbps}$$

となる。

　携帯受信端末用はこのように低ビットレートではあるが，低電界で受信できるQPSKを使用し，誤り訂正も強力である。このため，車でディジタル放送を受信中に電界低下で受信できなくなってもワンセグに自動的に切り替えれば受信できる可能性が高く，市販の車載用受信機にはこの機能が備わっている[24]。

　固定受信用の16.85 Mbpsの内訳は，映像用として約14 Mbps，音声用に約0.5 Mbps，データ放送用に約1.5 Mbpsが割り当てられている。2000年から放送が開始されたBSディジタル放送の映像ビットレートは約20 Mbpsで，画質の差が危惧されたが，MPEG-2画像圧縮符号化における動きベクトル生成精度の向上などにより，ほぼ問題のないレベルになっている[21]。

4.2.4 SFN

　SFNとは，隣接する送信局（番組内容は同じ）にまったく同じ周波数を割り当てる方式である（図4.2）。アナログ放送の場合は，画面に2重，3重のゴーストが現れるが，ディジタル放送においては，マルチパス・反射に強いOFDMが変調方式として採用されているため，SFNが可能となる。ただし，送信局間の距離はガードインターバル長 T_G と光速 c で決まる式 (4.4) に示す距離 d 内でないとシンボル間干渉が生じる。

$$d \leq cT_G \tag{4.4}$$

　ディジタル放送においては，$T_G=126$ μsで運用されており，ガードインターバルが有効な距離 d は図4.12に示すように，$d \leq 37.8$ km（3×10^8 m/s $\times$ 126 μs）となる〔実際はDU比（希望波レベル/マルチパス波レベル）によっても決定される〕。ただし，番組内容が異なると信号に相関がなくなり，相手側からの電波は雑音と見なせるため，ガードインターバル内の距離であってもSFNは不可能である。

　このため，**親局**（main station）すなわち，都市部のタワーなどに設置さ

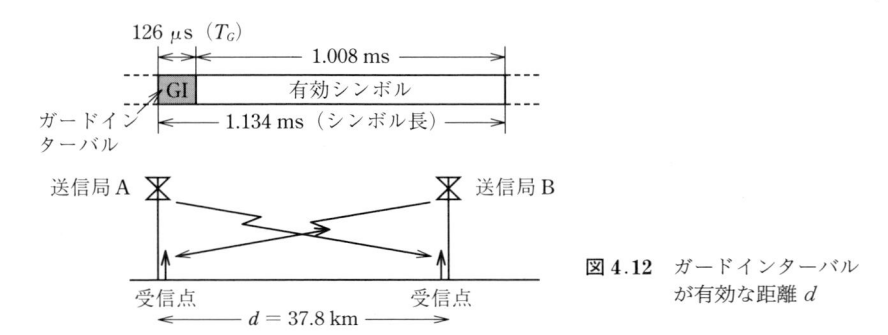

```
  126 μs (T_G)     1.008 ms
|←─────→|←──────────────→|
       |GI|  有効シンボル  |
ガードイン  |←── 1.134 ms（シンボル長）──→|
ターバル
```

図 4.12 ガードインターバルが有効な距離 d

（送信局 A ─ 送信局 B、$d = 37.8$ km）

れ，大電力で広いエリアをカバーする局のチャネル割り当てにおいて，例えばNHK の総合テレビは各局で番組内容が異なるローカル番組があることから，SFN の対象とはなっていない．一方，教育テレビについては基本的にローカル番組がないことから，隣県どうしでも同じチャネルが割り当てられている．

SFN は上記のようにさまざまなメリットもあるが，送信と受信に同じ周波数を使用することから，以下のような課題がある．

〔1〕 **放送波中継が困難**　現在のアナログ放送においては，コストの面から親局の電波を受信し，チャネルを変えて再送信する**放送波中継**（on air relay）が多数の中継局において用いられている．

しかし，SFN の場合は送信チャネルと受信チャネルが同じであるため，図4.13 に示すように，送信波が受信アンテナに回り込む現象が生じ，しかも送信波のほうがはるかにレベルが高いため，最悪の場合はループ発振が生じる可能性がある．

図 4.14（a）に回り込みがあるときのモデルを示す[26]．受信希望波を

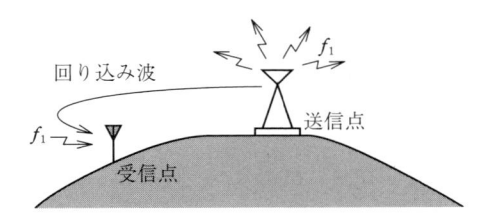

図 4.13 SFN 時に生じる送信波の受信アンテナへの回り込み

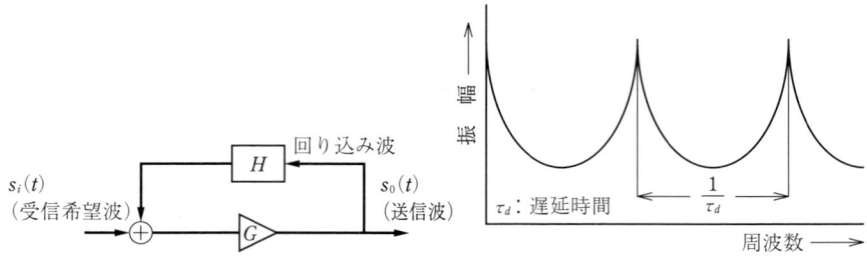

(a) 回り込みがあるときのモデル　　　(b) 周波数特性

図 4.14　回り込みのモデルと送信波の周波数特性

$s_i(t)$，送信波を $s_0(t)$，増幅度を G，帰還量を H とすれば，$\{s_i(t)+Hs_0(t)\}G=s_0(t)$ が成り立ち，変形すれば式（4.5）を得る。

$$s_0(t)=\frac{Gs_i(t)}{1-GH} \tag{4.5}$$

$s_i(t)=\sum_{k=-n}^{n}\exp(j2\pi kf_0t)\exp(j2\pi f_ct)$ とし，回り込み波の希望波に対する振幅比を r，遅延時間を τ_d，初期位相差を θ_0 とすれば，$H=r\sum_{k=-n}^{n}\exp\{j(\theta_0-2\pi kf_0\tau_d)\}$ であるから，これらを式（4.5）に代入すれば，式（4.6）が得られる。

$$s_0(t)=G\sum_{k=-n}^{n}\frac{\exp(j2\pi kf_0t)\exp(j2\pi f_ct)}{1-Gr\exp\{j(\theta_0-2\pi kf_0\tau_d)\}} \tag{4.6}$$

式（4.6）の周波数特性 $A(f)$ は式（4.7）で表される。

$$A(f)=\frac{G}{\sqrt{1+r^2-2Gr\cos(\theta_0-2kf_0\tau_d)}} \tag{4.7}$$

図（b）は式（4.7）の周波数特性を表したものである。このように回り込み波がある場合には，周波数特性に $1/\tau_d$ の周期でリップルが生じ，誤り率が上昇（等価 CNR が劣化）するため，回り込み波をいかに低減させるかが課題となる。

また，振幅のピーク値が生じる周波数においては，発振の可能性〔式（4.6）の分母が 0 となる周波数で発振〕があり，一度発振が起これば放送がまったく受信できなくなるため，十分な注意が必要である。

なお，ガードインターバル内回り込み波の DU 比と等価 CNR に関しては，DU 比 10〜40 dB において，式 (4.8)〜(4.10) が成り立つ[26]．

$$\text{等価 CNR〔dB〕} \fallingdotseq \text{回り込み時の DU 比〔dB〕} + 19.6 \text{ dB} \quad (4.8)$$

多波の回り込みがある場合も同様に求めることができ，式 (4.9) で表される[27]．

$$s_0(t) = G \sum_{k=-n}^{n} \frac{\exp(j2\pi k f_0 t)\exp(j2\pi f_c t)}{1 - G \sum_{i=1}^{p} r_i \exp\{j(\theta_i - 2\pi k f_0 \tau_i)\}} \quad (4.9)$$

$s_0(t)$ の周波数特性 $A(f)$ は $kf_0 = f$ とすれば式 (4.10) で表される．

$$|A(f)| = \frac{G}{\sqrt{\left\{1 - G\sum_{i=1}^{p} r_i \cos(\theta_i - 2\pi f \tau_i)\right\}^2 + \left\{G\sum_{i=1}^{p} r_i \sin(\theta_i - 2\pi f \tau_i)\right\}^2}}$$
$$(4.10)$$

文献 27) によれば，回り込みが 1 波の場合に比べて多波の方が $10 \log p$（p は回り込み波の数）に比例して発振しやすくなるため注意が必要である．

すなわち，1 波の場合の発振を起こす DU 比は 0 dB であるが，10 波では DU 比が 10 dB でも発振の可能性がある．

なお，回り込み波をキャンセルするための技術については 5.1.1 項，実際の発振寸前の回り込み波形については，5.5.4 項を参照されたい．

〔2〕 **遅延時間の調整・測定が必要**　各送信局においてシンボルの位相が合っていないと，その分，ガードインターバルの時間を有効に利用できなくなるため，図 4.15 のように送信局 A から送信局 B にプログラムを伝送する際に生じる遅延分を，送信局 A で遅らせる必要がある．また，通常は各送信局（親局）ごとに OFDM 変調器が置かれるが，処理時間の差などにより，1 ms 以上の遅延が生じる場合がある．また，送信局間の距離が長い場合も同様の現象が生じる．このため，数 ms 以上の遅延時間を測定できる装置が必要となるが，OFDM 信号の復調はシンボル単位（シンボル長 1.008 ms）で行われるため，原理的な測定可能時間は約 168 μs（1.008 ms/6）程度となる．しかし，新たな発想により，測定遅延時間に原理的な制限のない方式が実用化され

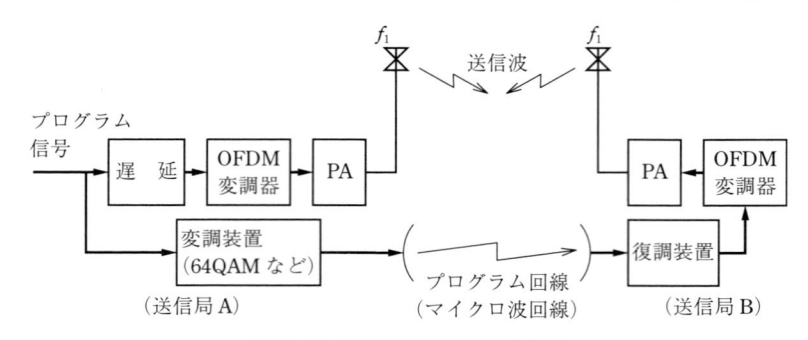

図 4.15　SFN 時の遅延時間調整

ている（5.1.3 項参照）。

4.2.5　OFDM 波の復調技術

以上は，おもに変調技術について説明したが，OFDM 波の復調（受信）技術も重要な課題である。3.9 節で述べたように OFDM 波を正しく受信するためには，シンボル同期，キャリヤ周波数同期，FFT サンプリング周波数同期が必要である。また，OFDM 波は多くのキャリヤで構成されているが，伝送路でのマルチパスによる周波数選択性フェージングなどにより，各キャリヤの振幅・位相はさまざまに変化する。このため，復調器では，SP を利用して補正を行う必要があり，この補正回路も OFDM 復調における重要な要素技術である。

3.9 節においては，基本的な同期の方法を説明したが，本項では実際の復調動作について説明する。なお，詳細については文献 28），29）を参照されたい。

〔1〕　**復調器の基本構成**　図 4.16 は OFDM 復調器の基本構成である。受信された OFDM 波を直交復調した後，他のキャリヤからの位相雑音〔ICI（inter carrier interference,〔3〕参照）〕の除去を行い，A-D 変換する。つぎにキャリヤ周波数の誤差を補正した後，FFT により時間領域から周波数領域に変換する。続いて，キャリヤ自身の位相雑音〔CPE（common carrier

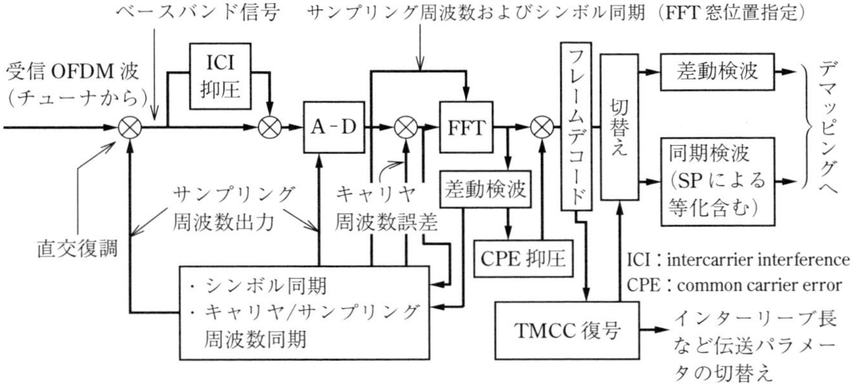

図4.16 OFDM復調器の基本構成

errer,〔3〕参照)〕の除去を行った後，フレームデコードおよびTMCC信号の復号を行い検波方式の切替えなどを行う．フレームデコード部において，セグメント番号0から順に読み出されたシンボルは，同期検波あるいは差動検波されて周波数および時間デインターリーブ部に導かれる．同期検波回路には，SPを利用して伝送路で生じた振幅・位相の変動を補正する回路が含まれている．なお，フレーム同期はフレーム同期用基準キャリヤ（TMCC内の16 bit同期信号）の情報をもとに行っている．

〔2〕 **サンプリング周波数およびキャリヤ周波数同期** 図4.17に周波数同期回路の基本構成を示す．ガードインターバル期間の信号と有効シンボル期間後部の信号は本来同じ波形である（図3.33）が，キャリヤ周波数誤差 Δf やサンプリング周波数誤差によって有効シンボル長 T 離れた両信号間には位相差（$\Delta\theta=2\pi\Delta fT$）が生じる．この回路はこの位相変動量を利用して周波数誤差を推定している．まず，直交復調された信号を複素フィルタで正と負の周波数成分に分離し，それぞれもとの信号と有効シンボル長遅延させた信号を乗算してシンボル同期信号を得ている（3.9.1項参照）．また，ガードインターバル期間において，サンプル間隔の変動により正と負の周波数で生じる各位相差の差をとることによりサンプリング周波数誤差を検出し[†1]，サンプリング周波数用の **VCO**（voltage-controlled oscillator）を制御している．

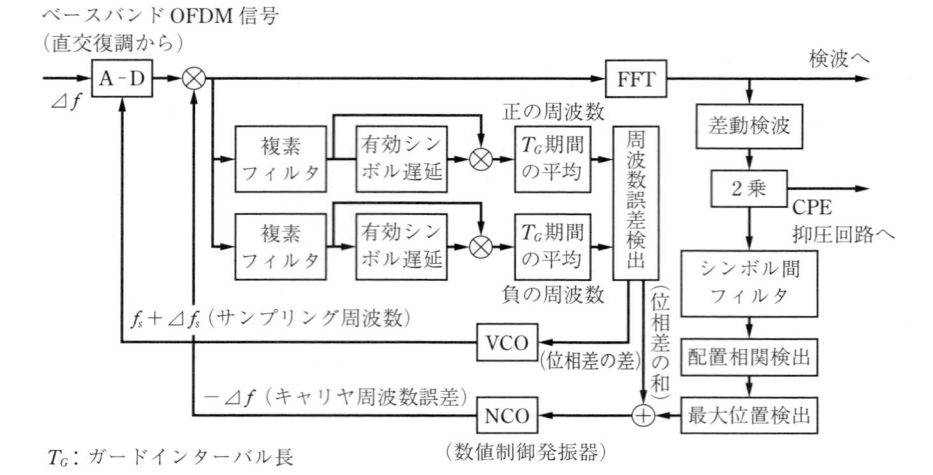

図 4.17 周波数同期回路の基本構成

また，全帯域において正と負の周波数で生じる各位相差の和を検出することにより，キャリヤ間隔以内のキャリヤ周波数誤差を推定し[†2]，**NCO**（numerically controlled oscillator，**数値制御発振器**）[†3]を制御している。

さらに，図 4.17 に示したように FFT 後の各キャリヤをシンボル間で差動検波を行い，2 乗演算の後，シンボル間フィルタにより各キャリヤをシンボル方向に平均化している。差動検波は，周波数誤差によって生じるシンボル間の位相回転を除去するためのもので，2 乗演算は DBPSK 変調された TMCC，AC および CP 信号の位相不確定性（0°または 180°）を除去するためのものである。TMCC，AC および CP に関しての 2 乗演算結果は，各シンボルについて一定となるためシンボル間フィルタを通過するが，その他のキャリヤについ

[†1] （前ページの脚注）周波数誤差 Δf_s がある場合，サンプル間隔が変化し，有効シンボル長が変化する（$T \to T+\Delta T$）。この場合，正の周波数 f の位相回転は $2\pi f(T+\Delta T)=2\pi n+2\pi f\Delta T=2\pi f\Delta T$。負の周波数 $-f$ では，$-2\pi f(T+\Delta T)=-2\pi f\Delta T$ となり（n は整数），その差をとることにより誤差を検出している。

[†2] キャリヤ周波数誤差を Δf とすれば，有効シンボル長 T 遅延後の正の周波数 f の位相回転は，$2\pi(f+\Delta f)T=2\pi n+2\pi\Delta fT=2\pi\Delta fT$。負の周波数 $-f$ では $2\pi(-f+\Delta f)T=-2\pi n+2\pi\Delta fT=2\pi\Delta fT$ となり，和をとれば誤差を検出できる。

[†3] 与えられた数値で周波数が制御される発振器。

ては位相がランダムとなるため，フィルタ出力には現れない。

このシンボル間フィルタを通過した信号とFFT後の周波数領域で，OFDMフレーム（図4.9）においてつねに固定位置に挿入されているTMCC，ACおよびCPの配置情報（既知）の相関をとり，その最大値が現れる位置を検出することにより，キャリヤ間隔単位（広域）の周波数誤差を推定している。

遅延波がある場合は隣接シンボルからの干渉が生じるが，このように相関演算を用いれば影響を少なくすることができる。

〔3〕 **局部発振器の位相雑音の抑圧**　　受信機チューナ部の局部発振器位相雑音がOFDM復調信号に与える影響としては，全キャリヤに共通の位相回転を与える**CPE**（common carrier phase error）と呼ばれるものと，各シンボルの変動により生じる**キャリヤ間干渉**（intercarrier interference, **ICI**）によるものがある。

発振器は一般に**図4.18**に示すような位相雑音スペクトルをもっている[15]。このような発振器を局部発振器に用いて周波数変換した場合，OFDM波の各キャリヤには，キャリヤ自身の位相雑音（CPE）とその他の全キャリヤから自分自身の帯域に入る位相雑音（ICI）が加算される。CPEはすべてのキャリヤで同じ値となるが，図（b）から明らかなようにICIは中央のキャリヤに比べて端のキャリヤでは1/2となる。

（a）局部発振器の位相雑音

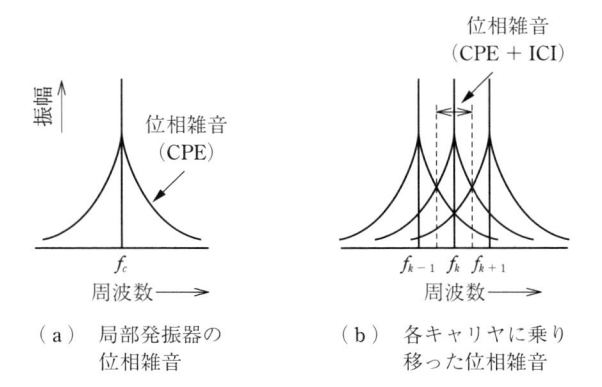

（b）各キャリヤに乗り移った位相雑音

図4.18　発振器の位相雑音スペクトル

CPE の抑圧回路の基本構成を図 4.19 に示す。図のように FFT 後の周波数領域でつねに固定位置にある DBPSK 変調された TMCC，AC および毎シンボル同じ位相で挿入されている CP 信号に対して前記と同様に 2 乗演算を行い，シンボル内で平均化した値 ΔV を位相データに変換後，1/2（2 乗で 2 倍になっているため）とすることにより，全キャリヤの位相誤差 $\Delta\theta$ を算出し，逆補正を行う。

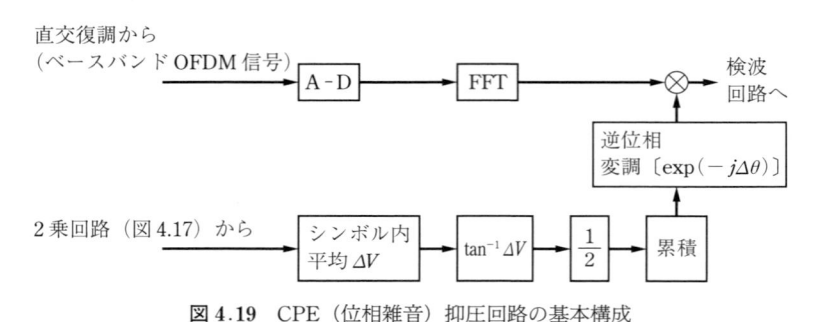

図 4.19 CPE（位相雑音）抑圧回路の基本構成

ICI の抑圧回路の基本構成を図 4.20 に示す。FFT 前の時間領域で，ガードインターバルの信号と同一である有効シンボル期間後部の信号とガードインターバルの信号を比較し，有効シンボル期間で発生した位相誤差 $\Delta\theta$ を検出して打ち消すことにより，CPE 抑圧回路では抑圧できない早い位相変動を抑えている。

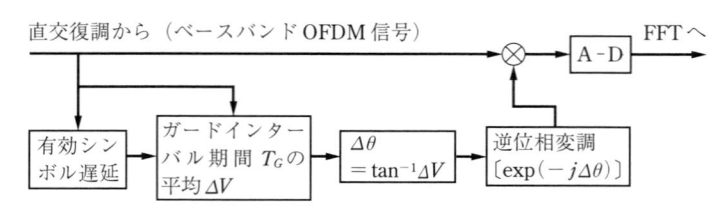

図 4.20 ICI（位相雑音）抑圧回路の基本構成

なお，前記のように ICI は中央のキャリヤと端のキャリヤでは 2 倍異なるため，必ず補償誤差が残ることになる。

〔4〕 **SP による等化と検波回路**　　3.7 節で記述したように伝送路でマル

チパスが発生した場合，周波数選択性フェージングとなり，キャリヤごとに振幅および位相が変化し，振幅・周波数特性にリップルが生じる。したがって，振幅にも情報が乗っている 16 QAM や 64 QAM では振幅と位相の補正をキャリヤごとに行う必要が出てくる。また，ドップラーシフトなどによる時間軸でのレベル変動についても補正が必要となる。

これに対応するため，地上ディジタル放送においては SP 信号が周波数軸上に分散して挿入されており，波形等化を比較的容易に行うことができる。

図 4.21 に SP を利用した等化回路の基本構成を示す。同期セグメント（同期検波が必要な QPSK，16 QAM/64 QAM で変調されたセグメント）のデータシンボルに対しては，FFT 出力から抽出した SP シンボルを再生されたキャリヤ同期信号からつくられた SP シンボルで複素除算し，伝送特性を求める。

ただし，SP シンボルは間欠的にしか挿入されていないため，この伝送路特性をもとに時間方向および周波数方向に内挿を行い，データシンボルが受けた伝送路特性を推定する。この推定された伝送路特性で FFT 後のデータシンボルを複素除算することにより，各キャリヤの複素信号点の位置補正を行う。こ

OFDM 信号の復調と DQPSK

地上ディジタルテレビ放送においては変調方式として，同期検波が必要な QPSK，16 QAM，64 QAM と差動変調・差動検波が必要な π/4 シフト DQPSK が採用されている。同期検波については受信信号と周波数・位相が一致した基準キャリヤを再生する必要があるが，差動検波は基準信号の再生が不要であるため，伝送路の特性変動が激しい移動体受信用として採用された。しかし，π/4 シフト DQPSK は以下の理由で実際に使用されていない[2]。

① OFDM 信号の復調においては，FFT を用いる必要があり，差動検波を用いても回路は簡素化できない。

② 移動受信性能を向上させるためには，長いインタリーブ時間（運用値は 0.5 s）が要求され，受信機側で大きなメモリ容量が必要である。DQPSK としても回路規模は小さくならない。

③ SP など復調用の基準信号を利用すれば，同期検波時でも良好な移動受信特性が得られる。また，同期検波の方が誤り率の面でも 2 倍優れている。

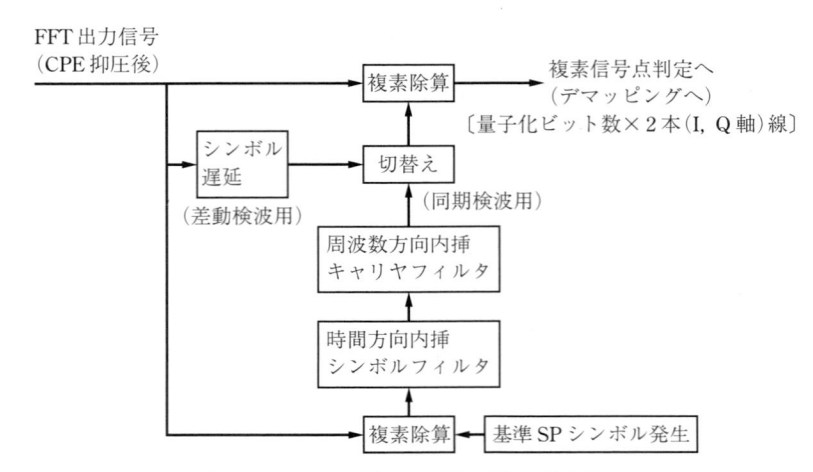

```
                FFT出力信号
                （CPE抑圧後）
                              ┌─────────┐    複素信号点判定へ
                          ┌──→│ 複素除算 │──→（デマッピングへ）
                          │   └─────────┘   〔量子化ビット数×2本(I, Q軸)線〕
                          │        ↑
                      ┌───────┐    │
                      │シンボル│    │
                      │ 遅延  │──→│切替え│
                      └───────┘    │
                     （差動検波用） （同期検波用）
                                   ↑
                          ┌─────────────────┐
                          │周波数方向内挿   │
                          │キャリヤフィルタ │
                          └─────────────────┘
                                   ↑
                          ┌─────────────────┐
                          │時間方向内挿     │
                          │シンボルフィルタ │
                          └─────────────────┘
                                   ↑
                          ┌─────────┐   ┌──────────────┐
                          │ 複素除算 │←──│基準SPシンボル発生│
                          └─────────┘   └──────────────┘
```

図 4.21　SP を利用した等化回路の基本構成

の後，同期検波され，複素信号点判定回路（デマッピング）に導かれる。

一方，差動変調されたセグメントに対しては，各キャリヤを1シンボル遅延した信号で除算することにより，シンボル間の差動検波を行う（実際に運用はされていない）。

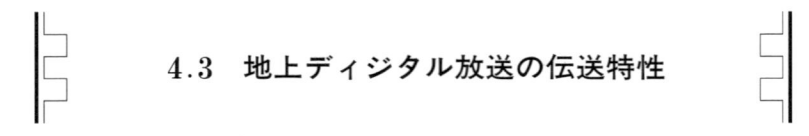

4.3　地上ディジタル放送の伝送特性

4.3.1　復調器における所要 CNR

図 4.22 に**連接符号**（concatenated code，ブロック符号と畳込み符号を組み合わせた誤り訂正符号）による誤り訂正回路の基本構成を示す。

「畳込み符号-ビタビ復号」を内符号，「RS符号-訂正」を外符号と呼んでいる。運用中のモード3（キャリヤ数：5 617本）で 64 QAM 変調の場合，復調可能な CNR は畳込み符号の符号化率が 7/8 においては 22 dB，現在運用中の符号化率の 3/4 では 20.1 dB である。このときのビタビ復号前（内符号入力）の誤り率は，$7×10^{-3}$，RS符号訂正前（ビタビ復号後）の誤り率は，$2×10^{-4}$ で，これ以上の CNR ではエラーフリー（MPEG-2 の映像信号のビットエラーが実質的に発生しない誤り率が $1×10^{-11}$ 以下の状態）となる[23]。

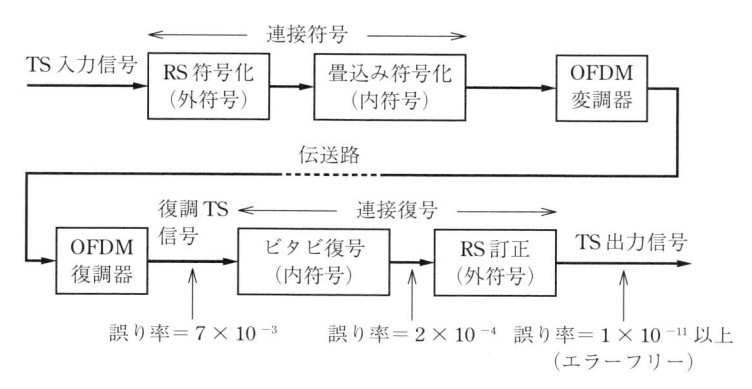

```
TS入力信号 → [RS符号化(外符号)] → [畳込み符号化(内符号)] → [OFDM変調器]
                   ←―――連接符号―――→
                           伝送路
                           ┈┈┈
復調TS信号
[OFDM復調器] → [ビタビ復号(内符号)] → [RS訂正(外符号)] → TS出力信号
              ←―――連接復号―――→
    誤り率=7×10⁻³     誤り率=2×10⁻⁴    誤り率=1×10⁻¹¹ 以上
                                        (エラーフリー)
```

図 4.22 連接符号による誤り訂正回路の基本構成

4.3.2 キャリヤ周波数の許容偏差

地上ディジタル放送においては，ディジタル放送用の周波数が不足していることから，多数の SFN 局の設置が予定されている。

SFN 局においては，同じ周波数で送信することから，**周波数の許容偏差**（frequency tolerance）をある値以下に抑えておくことが重要である。これらの値については，モード 3 において固定受信用の 64 QAM-OFDM（各キャリヤが 64 QAM 変調された OFDM 信号，キャリヤ周波数間隔は約 0.992 kHz）でキャリヤ間隔の 0.1 ％程度（1 Hz），携帯端末用の QPSK-OFDM でキャリヤ間隔の 1 ％（10 Hz）程度とされている[8]。

この基準は 2 送信局で SFN を構成した場合，2 波のレベル差が 3 dB 以上において，$1×10^{-2}$ の誤り率を確保できる条件で決められたものである。

電波法（radio law）においても，テレビのディジタル放送を行う放送局の周波数の許容偏差は 1 Hz 以下と定められており，アナログ放送の許容偏差の 500 Hz に比べて非常に厳しい値となっている[†]。

[†] ディジタルテレビジョン放送局でも，電波の能率的利用を著しく阻害するものでないと特に認められたものはアナログ放送と同じ 500 Hz となっている。

4.3.3　OFDMキャリヤ周波数の測定

OFDM波のキャリヤ周波数の測定は，変調波をCW（carrier wave）として周波数カウンタで測定する方法が一般的である。しかしながら，この方法は放送中に測定できない欠点がある。このため，OFDM信号の特性を利用したキャリヤ周波数測定方法が開発されており，その基本原理を説明する[30]。

ISDB-T（日本の地上ディジタル放送方式）においては以下の3種類の方法，すなわち，ガードインターバル相関，CPおよびSPを利用することで位相情報（周波数情報）を検出することが可能である。

〔1〕**ガードインターバル相関を利用**　図4.23に示すように，ガードインターバルの信号波形は有効シンボル長Tだけ時間的に離れた点に存在するコピー信号である。キャリヤ周波数に偏差がない場合は，受信ベースバンド信号と有効シンボル長だけ遅延させた信号を掛け合わせた場合，位相差は0であるから，最大レベルの信号が発生する（3.9.2項参照）。しかし，偏差Δfがある場合は，図に示すように$\Delta\theta=2\pi\Delta fT$の位相差を生じることから信号レベルが減少するため，これを利用すれば周波数偏差を検出できる。ただし，この方法は周波数偏差の測定引込み範囲は広いが，測定精度が悪い。

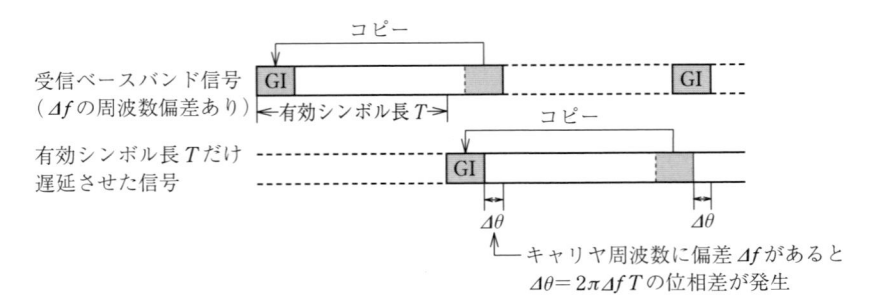

図4.23　周波数に偏差がある場合に生じる位相差

〔2〕**CPを利用**　CPはシンボルごとにOFDM波の帯域最右端（上端）に挿入されている固定位相のキャリヤである（図4.5）。このCPの位相情報を検出し，その変化量を算出することにより周波数偏差の測定が可能となる。

ただし，OFDM信号の1本のキャリヤから測定するため，信号のCNRの

影響を受けやすい．また，帯域端に配置されているため，サンプリング周波数の偏差，すなわち，サンプル点の変動による誤差が発生しやすい．しかし，測定精度は上記方法よりもよい．

〔3〕 **SPを用いる方法**　基本的な方法は上記と同様であるが，SPは時間的に4シンボルに1本しか挿入されていない（図4.9）ため，最小でも5シンボル分の信号を解析する必要がある．SPは信号的にはCPと同じものであるため，この方法は上記の方法の測定精度を上げる効果がある．また，SPは周波数方向に均等に分散された信号であるため，サンプリング周波数偏差の影響を受けにくい．また本数が多いため，信号のCNRの影響も受けにくい．

実際の測定においては，以上の3つの方法を組み合わせて測定精度を上げる方法がとられている．

4.3.4　OFDM波の伝送と干渉・混信妨害

アナログ放送は2011年7月まで存続する予定で地上ディジタル放送ネットワークの設備整備が進められている．その間，アナログ波からディジタル波への妨害，ディジタル波からアナログ波への妨害，ディジタル放送どうしの干渉などさまざまな干渉妨害が発生する可能性がある．

また，放送用途以外の無線局への妨害，あるいは逆の場合として無線局からディジタル波への干渉などにも十分留意しておかなければならない．このため，移行期間を考慮すれば，アナログ波・ディジタル波相互の混信妨害について十分注意を払う必要があり，上記のそれぞれのケースについて受信機で評価が行われ，ガイドラインが定められている[20]．なお，受信アンテナの特性はITU（International Telecommunication Union）勧告の**半値幅**（half power beam width）28°，**前後比**（front-to-back ratio）16 dBとなっている．

〔1〕 **希望波がアナログ波で妨害波がディジタル波の場合**　図4.24はアナログ希望波の上側と下側にディジタル妨害波（OFDM波）が存在する場合の周波数スペクトルを示したものである．上隣接波からの妨害の場合，5段階主観画質評価[†]で4の高画質を得るためのDU比（希望波レベル/妨害波レベ

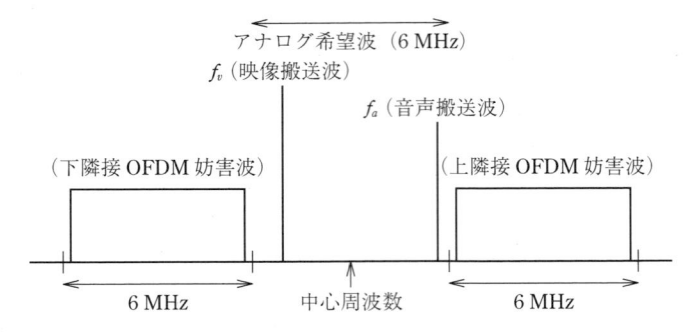

図 4.24 アナログ希望波の上側と下側にディジタル妨害波（OFDM 波）が存在する場合の周波数スペクトル

ル）は 0 dB，下隣接波の場合は 10 dB となっている。また，**同一チャネル**（co-channel）妨害の場合は 45 dB である。これを**混信保護比**（interference protection ratio）という。

〔2〕 **希望波がディジタル波で妨害波がアナログ波の場合**　図 4.25 にディジタル希望波（OFDM 波）の上側と下側にアナログ妨害波が存在する場合の周波数スペクトルを示す。アナログ波が妨害を受けた場合の評価は，上記のように主観評価で行う必要があるが，ディジタル波の場合は誤り率（BER）を測定することにより定量的な評価が可能である。

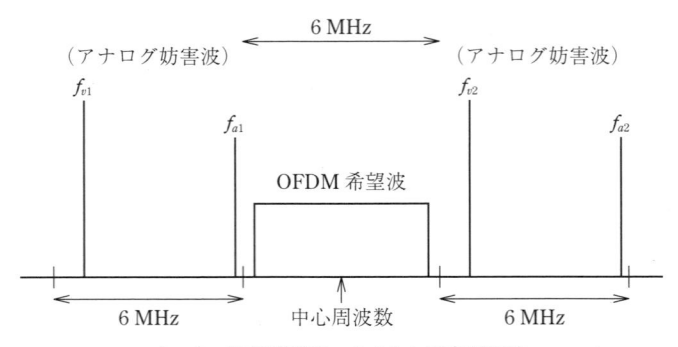

f_{v1}, f_{v2}：映像搬送波，f_{a1}, f_{a2}：音声搬送波

図 4.25 ディジタル希望波（OFDM 波）の上側と下側にアナログ妨害波が存在する場合の周波数スペクトル

---

† （前ページの脚注）　画質の良否を人間の視覚により評価すること。

ディジタル波を復調した後，RS符号訂正で擬似エラーフリー（実質的に誤りがない）と見なせるDU比は，上隣接妨害で−24 dB，下隣接妨害で−21 dBである。同一チャネル妨害の場合は，5 dBのマージンも含めて30 dBとなっている。ただし，畳込み符号の符号化率を7/8から3/4とすれば，20 dBまでは緩和できることが判明したため，この値で運用および中継局の置局検討がなされている。

〔3〕 **希望波がディジタル波で妨害波もディジタル波の場合**　ディジタル波間の干渉については，上隣接で−29 dB，下隣接で−26 dBである。同一チャネル妨害の場合のDU比は5 dBのマージンも含めて28 dBとなっている。マージンを含めないDU比は23 dBであり，ガウス雑音と見なした場合とほとんど同じ値となっている。

〔4〕 **OFDM波のスペクトルマスク**　OFDM変調方式において，変調スペクトルの広がりの許容範囲を規定したものはスペクトルマスクと呼ばれている。これは隣接するアナログテレビ放送とディジタルテレビ放送を共存させるために定められたものである。

隣接チャネル（adjacent）への漏れレベルは，おもにOFDM波自体のスペクトル，送信機の電力増幅器のリニアリティ（直線性），送信機の出力フィルタ特性に関係する。

OFDMは多数のキャリヤを使用する方式であるため，信号スペクトルそのものの隣接チャネルへの漏れについては大きな問題はない。

このため，送信機の電力増幅部のリニアリティおよび出力フィルタの特性を

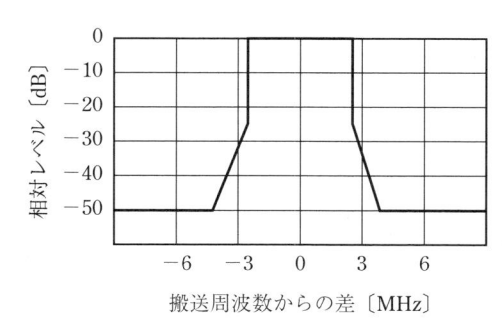

図4.26　スペクトルマスク特性

規定していることとなる。図 **4.27** に送信スペクトルマスク特性を示す[8]。

送信機の検査においては，この値を満足しなければならない。

4.3.5　所要電界強度を求めるための回線設計

図 **4.27** に示す回線系統に基づき，地上ディジタルテレビ放送の親局送信機から受信機に至る固定受信時の**回線設計**（link budget）例を**表 4.7** に示す[20),32)]。変調方式は 64 QAM，周波数はアンテナ利得などの面で最も厳しい 770 MHz（上限）として設計している。

また，畳込み符号の符号化率については，運用されている 3/4 と当初考えられていた 7/8 についてそれぞれ計算を行ったが，実際の運用値である 3/4 の場合を例に**所要電界強度**（required field strength）を求めるための回線設計について説明する。

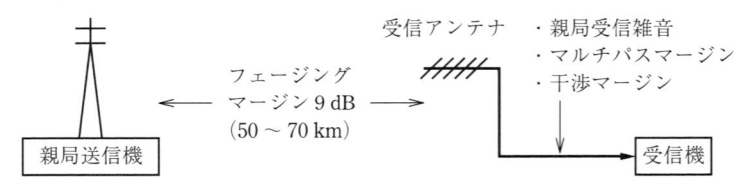

図 **4.27**　親局送信機から受信機への回線系統

表 **4.7**　固定受信時の回線設計例

周波数〔MHz〕	770		⑧ 受信機雑音電力〔dBm〕	-101.6	
変調方式	64 QAM		⑨ 外来雑音電力〔dBm〕	-103.1	
伝送帯域幅〔MHz〕	5.6		⑩ 全受信機雑音電力〔dBm〕	-99.3	
畳込み符号の符号化率	3/4	7/8	⑪ 受信機最小入力終端電圧〔dBμV〕	32.6	34.5
データ伝送速度〔Mbps〕	16.85	19.66	受信アンテナ利得〔dB〕	10	
① 周波数利用効率〔bps/Hz〕	3	3.51	アンテナ実効長 λ/π〔dB〕	-18.1	
② 所要 C/N〔dB〕 （畳込み符号訂正後の誤り率 2×10^{-4}）	20.1	22	フィーダ損〔dB〕	-2	
			整合損〔dB〕	-6	
③ 装置化マージン〔dB〕	3	3	⑫ 所要電界強度〔dBμV/m〕 （変動マージンなし）	48.7	50.6
④ 受信機所要 C/N〔dB〕	23.1	25			
⑤ 干渉マージン〔dB〕	2		⑬ 時間率補正，場所率補正〔dB〕	9	
⑥ マルチパスマージン〔dB〕	1				
⑦ 受信機雑音指数〔dB〕	5		⑭ 所要電界強度〔dBμV/m〕	57.7	59.6

4.3 地上ディジタル放送の伝送特性

① **周波数利用効率**〔bps/Hz〕　帯域幅は 5.6 MHz，12 セグメント（ハイビジョン用）分のデータ伝送速度は 16.85 Mbps（4.2.3 項参照）であるから，周波数利用効率は 3 bps/Hz（＝16.85 Mbs/5.6 MHz）となる。

② **所要 CNR**〔dB〕　畳込み符号訂正後（ビタビ復号後）の誤り率が 2×10^{-4} となる（訂正後はエラーフリー）CNR で規定されており，20.1 dB となる。

③ **装置化マージン**〔dB〕　復調時のキャリヤ位相のずれ，増幅器の相互変調ひずみ（IMD）などによる劣化を見込んだ量（3 dB）（雑音指数の影響は除く）。

④ **受信機所要 CNR**〔dB〕　所要 CNR に装置化するときのマージンを加えた値で，23.1 dB（＝20.1 dB＋3 dB）

⑤ **干渉マージン**〔dB〕　同一チャネル・隣接チャネル干渉による劣化を見込んだ値（2 dB）。

⑥ **マルチパスマージン**〔dB〕　マルチパスによる劣化を見込んだ値（1 dB）。

⑦ **受信機雑音指数**〔dB〕　受信機で発生する雑音を入力雑音に換算したもの。本例では NF＝5 dB としている。

⑧ **受信機雑音電力**〔dBm〕

まず，受信機入力の雑音電力を求める。k を**ボルツマン定数**（Boltzmann constant：1.381×10^{-23} J/W），T を絶対温度，B を帯域幅とすれば

$$受信機入力雑音電力〔dBm〕=10\log\left(\frac{kTB}{1\,\mathrm{mW}}\right)$$

$$=10\log(1.381\times10^{-23}\times300\times5.6\times10^{6})+30\,\mathrm{dB}=-106.6\,\mathrm{dBm}$$

となる。ここで，dBm は 1 mW を 0 dBm とした電力表示方法である。
この値に雑音指数（5 dB）を加えたものが受信機雑音電力となるので
受信機雑音電力＝－101.6 dBm

⑨ **外来雑音電力**〔dBm〕　当該周波数における都市雑音を換算した値で，－103.1 dBm としている。

⑩ **全受信機雑音電力**〔dBm〕　全受信機雑音電力 N_i〔dBm〕は，受信機雑音電力を N_r〔W〕，外来雑音電力を N_p〔W〕とすれば，式 (4.11) が成り立つ．

$$N_i \text{〔dBm〕} = 10 \log(N_r + N_p) + 30 \text{ dB} \tag{4.11}$$

dBm で表せば，N_r〔dBm〕$= 10 \log N_r$〔W〕$+ 30$ dB，N_p〔dBm〕$= 10 \log N_p$〔W〕$+ 30$ dB が成り立つ．すなわち，N_r〔W〕$= 10^{(N_r \text{〔dBm〕}-30\text{dB})/10}$，$N_p$〔W〕$= 10^{(N_p \text{〔dBm〕}-30\text{dB})/10}$ となる．これを式 (4.15) に代入すれば，次式が得られる．

$$N_i \text{〔dBm〕} = 10 \log(10^{(N_r \text{〔dBm〕}-30\text{dB})/10} + 10^{(N_p \text{〔dBm〕}-30\text{dB})/10}) + 30 \text{ dB}$$

$N_r = -101.6$ dBm，$N_p = -103.1$ dBm を代入すれば，$N_i = -99.3$ dBm となる．

⑪ **受信機最小入力終端電圧**〔dBμV〕　75 Ω で終端した場合の受信機最小入力電圧 (dBμV) をいう．ここで，dBμV とは，1 μV に対する電圧を表したものであり，1 μV が 0 dBμV となる．

受信機入力終端電圧を V_s〔V〕，受信機入力インピーダンスを R_i〔Ω〕，信号電力を C_i〔W〕とすれば，式 (4.12) が成り立つ†．

$$V_s \text{〔dBμV〕} = C_i \text{〔dBm〕} + 108.8 \text{ dB} \tag{4.12}$$

一方，C_i〔dBm〕$- N_i$〔dBm〕$= 23.1$ dB であるから，N_i〔dBm〕$= -99.3$ dBm を代入すれば，C_i〔dBm〕$= -76.2$ dBm となる．これを式 (4.16) に代入すれば，V_s〔dBμV〕$= 32.6$ dBμV が得られる．

以上のように，受信機最小入力終端電圧 (75 Ω で終端されたときの電圧)

---

† 信号電力 C_i は下式で表される．
$$C_i = \frac{V_s^2}{R_i}$$
上式を V_s〔dBμV〕と C_i〔dBm〕(1 mW に対する電力を表し，1 mW が 0 dBm) で表せば
$$C_i \text{〔dBm〕} = 10 \log\left(\frac{C_i \text{〔W〕}}{1 \text{ mW}}\right)$$
$$= 20 \log V_s \text{〔dBμV〕} - 10 \log 10^9 \text{ dB} - 10 \log R_i \text{〔dB〕}$$
$$C_i \text{〔dBm〕} = V_s \text{〔dBμV〕} - 90 \text{ dB} - 10 \log R_i \text{〔dB〕}$$
$R_i = 75$ Ω を代入して変形すれば
$$V_s \text{〔dBμV〕} = C_i \text{〔dBm〕} + 108.8 \text{ dB}$$

は 32.6 dBμV となるが，この値は，OFDM 波の平均電力を同じ電力を発生させる 1 本のキャリヤの電圧に置き換えたものである。

⑫ **所要電界強度（変動マージンの補正なし）〔dBμV/m〕**

$$\text{所要電界強度} = \text{受信機最小入力終端電圧} - \text{受信アンテナ利得}$$
$$+ \text{アンテナ実効長 (effective height)}^{\dagger 1}$$
$$+ \text{フィーダ損} + \text{整合損}^{\dagger 2}$$
$$= 32.6\,\text{dB}\mu\text{V} - (10\,\text{dB} - 18.1\,\text{dB} - 2\,\text{dB} - 6\,\text{dB})$$
$$= 48.7\,\text{dB}\mu\text{V/m}$$

⑬ **時間率補正，場所率補正〔dB〕** ディジタル波特有の現象として，誤りが訂正ができない状態となると，まったく受信できなくなる**崖効果**（cliff effect，**クリフエフェクト**，詳細は 5.3 節参照）がある。サービスエリアの端においても，フェージングなどにより，このような受信不可能な地点が生じないようにする補正量。51 dBμV/m に対する補正量としては場所率・時間率を合わせて 9 dB$^{\dagger 3}$ となっている（時間的・場所的にも 99% の確率で受信可能とするための補正量）。

⑭ **所要電界強度〔dBμV/m〕** 所要電界強度 E_{rq} は変動マージンなしの所要電界強度＋時間率・場所率補正量で表され

$$E_{rq} = 48.7\,\text{dB}\mu\text{V/m} + 9\,\text{dB} = 57.7\,\text{dB}\mu\text{V/m}$$

となる。アナログ放送（UHF 帯）の所要電界強度は，70 dBμV/m であるが，ディジタル放送においては約 10 dB（電力で 1/10）低い電界強度で受信が可能となる。このため，送信局の電力も周波数帯が同じ UHF 帯で放送する場合は，アナログ放送の 1/10 が基準となっている。ただし，

---

†1 線状アンテナにおいて，給電電流が一様に分布するとした等価アンテナの最大輻射方向の電界がもとのアンテナによる電界と等しくなる等価アンテナの長さ。八木アンテナのような半波長アンテナでは λ（波長）/π となる。

†2 アンテナ誘起電圧がアンテナ抵抗 75 Ω と受信機の入力抵抗 75 Ω に分圧されるために生じる損失。

†3 この値は親局用のマージン（余裕値）であり，受信点までの距離として 50～70 km を想定している。中継局の場合はサービスエリアが狭いので 4 dB（10～50 km）となっている。

アナログ放送の周波数帯が VHF 帯の場合は，電波の伝わりやすさに差があるため（見通し外の場合，周波数の低い VHF 帯のほうが伝わりやすい），約 1/3 の出力が基本となっている。

演 習 問 題

【1】 表 4.1 の HDTV を 1 フレーム（1 画面＝207 万画素）伝送するのに必要な TS パケット数を求めよ。ここで画像の圧縮率は 1/80，輝度信号，色信号の量子化ビット数は 8 bit，1 個の TS パケットで伝送できるビット数は 1 472 bit とする。

【2】 80 dBμV は何 mV か。

【3】 100 mW は何 dBm か。

【4】 OFDM 信号の 1 セグメントのおけるキャリヤ数が 432 本で各キャリヤが 64 QAM 変調されている場合，12 セグメントで伝送できる最大の伝送速度（ビットレート）はいくらか。ここで，各セグメントのキャリヤ数は同一で，シンボル長は 1.008 ms とし，誤り訂正など冗長な信号はいっさい付加されていないとする。

【5】 アナログテレビ放送においてある受信点における CNR が 38 dB とする。同一の条件でアナログ放送の 1/10 の出力（平均電力）で OFDM 波を発射したときの受信点での CNR はいくらか。ここで，アナログ電波の帯域幅は 4 MHz（映像帯域），OFDM 波の帯域幅は 5.6 MHz とする。

【6】 モード 3 で 64 QAM 変調時の OFDM においてセグメントのフレーム構成（図 4.9）において，補助チャネル AC 1 は周波数方向で 8 本/シンボル利用可能である。この AC 1 を利用した場合の 1 セグメントでの伝送速度を求めよ。ここで，AC 1 は DBPSK 変調されており，1 フレーム内の時間方向のシンボル数は 204，フレーム長は 231 ms とする。

【7】 SFN における課題は送信アンテナから受信アンテナへの回り込みである。受信希望波 $s_i(t)$ を $\sin(2\pi ft)$，出力波を $s_o(t)$，回り込み波を $s_o(t)r\sin\{2\pi f(t+\tau_d)\}$ としたときの出力波の最大レベルはいくらか。ここで，$r=0.6$ とし，τ_d は遅延時間とする。

5 地上ディジタル放送におけるOFDM波の伝送および受信と監視のための新技術

　地上ディジタルテレビ放送において，中継局も含めたサービスネットワークを実現させ，安定運用を図るためにはさまざまな技術的課題を解決する必要がある。
　とりわけ大きな課題としては
① 周波数を有効に利用するためのSFNの構築
② 低コストで高性能なOFDM波用電力増幅器（PA）の開発
③ ディジタル波特有のクリフエフェクト（崖効果）†の発生を防止し，安定したサービスを提供するための電波監視装置の開発
などがあり，これら研究開発の現状と動向を中心に紹介する。

5.1 SFNネットワーク実現のための技術

5.1.1 回り込み波キャンセラ

　2011年7月に予定されているアナログ放送終了までは，アナログ放送とディジタル放送を**同時放送**（simulcast，**サイマル放送**）する必要があることから，ディジタル放送に割り当てられるチャネル（周波数）は大幅に不足している。
　このため，地上ディジタル放送ネットワークにおいては，送受信に同一周波数を使用する局が大規模中継局（約500局）のうち40％弱を占める[33]。
　この場合，課題となるのは，4.2.4項で述べた送信電波の受信アンテナへの**回り込み**（coupling interference）である。回り込みは信号品質を劣化させるとともに，発振の原因ともなるため，回り込み波をキャンセルする装置が開発

---

† CNR（等価CNR）がある値より下がるとまったく受信できなくなる現象（5.3.1項参照）。

されている[34]。

図 5.1 に回り込み波キャンセラの基本構成を示す。**トランスバーサルフィルタ**（transversal filter，タップ付き遅延線フィルタ）により実際の回り込み波と同じ信号（replica）をつくり出し，受信信号から引き算することにより，回り込み波を打ち消している。

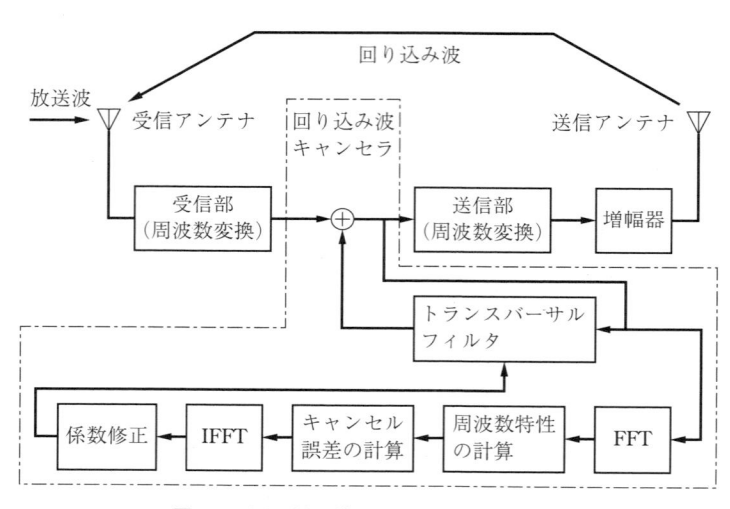

図 5.1　回り込み波キャンセラの基本構成

すなわち，送信部入力の OFDM 波を FFT によって周波数領域に変換したあと，SP 信号の情報を使って伝送路の周波数特性を計算する。求めた周波数特性からキャンセル残差を求め，これを IFFT してインパルス応答に変換する。

このインパルス応答を用いてトランスバーサルフィルタの係数を修正することにより，回り込み波を打ち消している。受信アンテナには，回り込み波のほかに他局からの同一チャネル干渉波も混入する可能性があり，これも含めてキャンセルする方式の開発も進んでいる[35]。

5.1.2　光変調器を用いた送受分離中継局用信号伝送システム

中継局の受信点と送信点を分離して距離による減衰を利用するとともに，地

形による**遮へい**（shadowing）も用いて，回り込みを抑える方法も SFN の実現に有効である。SFN 局の場合，アナログ放送で実施されているように**変換増幅器**（mixer）により受信放送波を受信点でいったん低い周波数（中間周波数，19 MHz 帯）に変換して**同軸ケーブル**（coaxial cable）で伝送する方式を採用することは困難である。これは，SFN においては，周波数偏差を 1 Hz 以下に抑えなければならず，受信側できわめて周波数精度の高い局部発振器が必要となるためである。

また，変換用の周波数を受信点に送ることで対応しようとしても，受信チャネルごとの周波数を用意しなければならない。加えて，このような送受分離局においては，送受信所間が同軸ケーブルのような導体でつながっている場合，送受信所あるいは伝送路に落雷があれば，送受信所間に大きな電位差が生じ，装置に障害が生じやすい。

これらの課題を根本的に解決するため，図 5.2 に示すように電源不要な **LiNbO$_3$**（ニオブ酸リチウム）**光変調器**（LN optical modulator）を用いて受信アンテナからの微弱な UHF 帯放送波を直接，**光強度変調**（light intensity modulation）した後，**光ファイバ**（optical fiber）で送信点に伝送する送受分離テレビ中継局用信号伝送システムが開発・導入されている[36)~39)]。

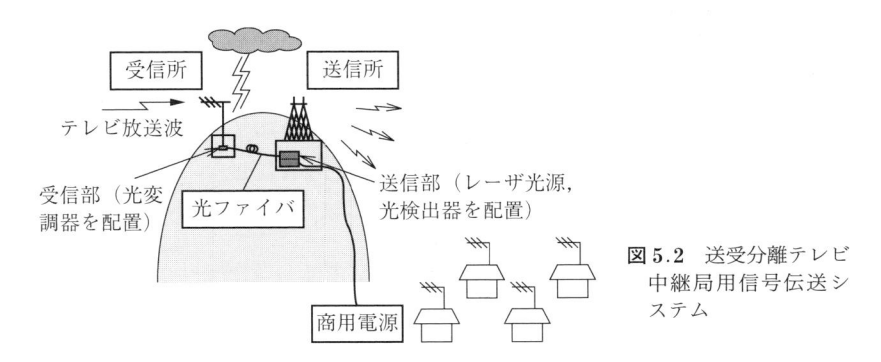

図 5.2 送受分離テレビ中継局用信号伝送システム

このシステムは，受信所側に電源が不要で，かつ光ファイバを使用できるため，雷害防止に大きな効果をもつ。また，受信所側の設備を簡素化できるため，信頼性・保守性の面でも優れている。また，光ファイバを用いることから

伝送損失が少なく（0.2 dB/km），長距離分離（6 km）が可能である。

図5.3はシステムの基本構成である。アンテナで受信された微弱な放送波（60 dBμV，1 mV）は，バンドパスフィルタ（BPF）を通過後，図5.4に示す**整合回路**（impedance matching circuit）で，付加したコイルと変調電極容量 C_M の直列共振により電圧増幅され，光変調器で光強度変調された後，送信部に送り返され，**光検出器**（photo detector）でもとの受信信号に復元される。このシステムの CNR は式（5.1）で求められる。

$$\frac{C}{N} = \frac{i_p^2 \{\pi\sqrt{2}\,Q(V_s/V_\pi)\}^2}{2(i_p^2 \times RIN + 2ei_p + i_r^2)B} \tag{5.1}$$

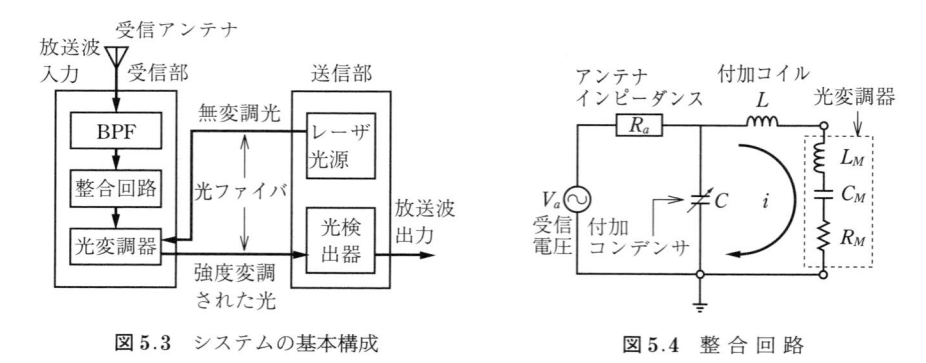

図5.3　システムの基本構成

図5.4　整合回路

ここで，i_p は光検出器の光電流，Q は整合回路の先鋭度，V_s は放送波入力信号電圧実効値，V_π は LN 光変調器の半波長電圧，B は帯域幅，**RIN**（relative intensity noise）はレーザの相対雑音強度（−165 dB/Hz），e は電子電荷（1.6×10^{-19} C），i_r は光検出器の等価雑音電流（17 pA/$\sqrt{\text{Hz}}$）である。

式（5.1）から CNR を高めるためには，レーザ，光検出器の雑音を抑えるとともに，共振時の Q を大きくする必要があり

① 光変調器の電極抵抗 R_M，電極容量 C_M を小さくすること

② 整合回路でアンテナインピーダンスを低インピーダンスに変換（50 Ω を 5 Ω に変換，C で実施）し，回路 Q を高めて電極に印加される電圧を大きくすること

などにより，感度を高めている．

図 5.5 は LN 光変調器の構造，図 5.6 は外観である．LN 基板結晶上に 2 本の光導波路が形成された構造となっており，入射した光をいったん分岐させ，再び合成させる干渉型である．変調電極に電圧が印加されると**電気光学効果**（electro-optic effect）により，**光導波路の屈折率**（refractive index）が変化し，合成時の干渉により光の強さが変わる．

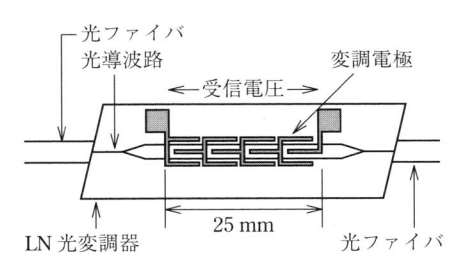

図 5.5 LN（ニオブ酸リチウム）光変調器の構造

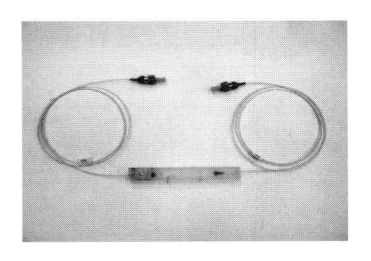

図 5.6 光変調器の外観（入出力に接続された線が光ファイバ）

電極容量の低減は電極の 4 分割化で行っている．4 分割化により 4 個の電極容量が直列につながった形となるため，低容量となり，回路の Q を高めることができる．変調器の感度は電極分割数に反比例して低下するが，Q の向上効果のほうがはるかに大きいため，トータルとして高い感度が実現できる．

図 5.7 に地上ディジタルテレビ放送用システムの構成を示す．受信部にヘッドアンプを設置し，その電源は送信部から送られた光（300 mW）を光給電部で電力変換したものを用いる方式を採用している．さらに，ヘッドアンプの RF 出力部と光変調器の変調電極で複数の共振点を構成させる複同調回路を採用し，放送波 8 チャネル分（帯域は約 50 MHz）の一括伝送を可能としている[38]．

光変調用としては 1.5 μm 帯 50 mW の **DFB-LD**（distributed-feedback laser diode，**分布帰還形半導体レーザ**）2 台を直交合成する方式を採用している．なお，直交合成方式を採用している理由は**シングルモードファイバ**（single mode fiber，**SMF**）で生じる偏光面の変動を補償するためである．

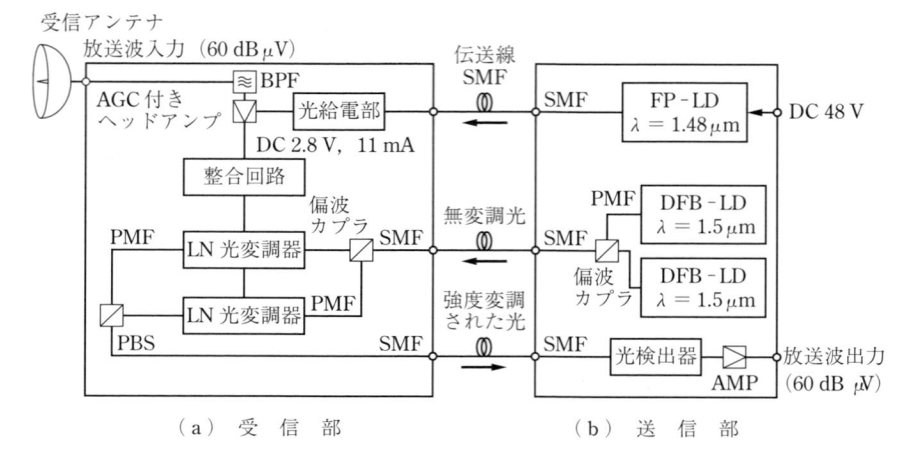

150

5. 地上ディジタル放送におけるOFDM波の伝送および受信と監視のための新技術

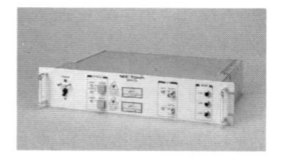

図 5.7 地上ディジタルテレビ放送用システムの構成

(a) 受信部 / (b) 送信部

BPF：帯域ろ波器，PBS：偏波ビームスプリッタ，SMF：シングルモードファイバ，
λ：波長，PMF：偏波保持ファイバ，FP-LD：ファブリペローレーザ，DFB-LD：
分布帰還形半導体レーザ

また，ヘッドアンプには**利得可変機能**〔AGC（automatic gain control）機能〕をもたせている。地上波ディジタルテレビ用中継装置においては，放送波中継における電波フェージングを吸収するため広いダイナミックレンジ〔40～80 dB μV/ch（チャネル）においても規格値である IMD_3（3次の相互変調ひずみ）≤ -52 dB〕が要求される。

また，このシステムはこの中継装置の前段に使用するものであり，CNR 劣化をできるだけ少なくするため，システム NF（雑音指数）を 5 dB 以下にする必要がある。このためには，標準入力レベル 60 dB μV/ch において光変調度は 3.6 ％/ch 以上が必要であり，受信入力レベルが 80 dB μV/ch においては変調度が 36 ％/ch 以上となる。n チャネル一括伝送ではさらに $\sqrt{n}$ 倍となり，ヘッドアンプなどの非直線性による信号劣化を生じる。このため，AGC

機能付きヘッドアンプを用いることにより，連続8チャネル，受信電圧レベル40〜80 dBμV/ch の場合においても規格値である $C/N = 50$ dB 以上を得ている。

なお，OFDM 信号は雑音状であるため，AGC の**時定数**（time constant）によっては等価 CNR が劣化することが報告されており（5.4節参照），時定数を長く（500 ms）することにより AGC による劣化をなくしている。また，広帯域信号（約 50 MHz，テレビ OFDM 波 8 チャネル分）に対して AGC を帯域偏差なく安定動作させるため，AGC 検波回路の周波数特性の平たん化を図っている。

システムの標準入力レベル V_s は 60 dBμV となっているが，これに相当する信号電力（OFDM 波の平均電力）は -47 dBm となる[†]。

図5.8 は UHF 帯ディジタル放送波（OFDM 波）8 チャネル分（21〜28 ch）の装置出力スペクトル波形である。CNR は規格の 50 dB 以上が得られている。

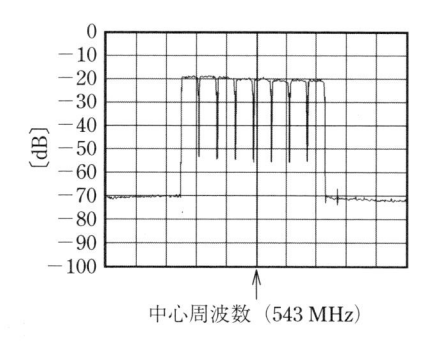

〔V（レベル）：10 dB/div.,
H（周波数）：10 MHz/div.〕

図5.8　UHF帯ディジタル放送波（OFDM波）8チャネル分の装置出力スペクトル波形

図5.9（a）は過入力レベル（+20 dB，80 dBμV/ch）時の出力スペクトル波形である。標準入力レベル時と同様，CNR は 50 dB 以上となっており，AGC によりひずみが改善されている。

図（b）に，AGC なしの出力スペクトル波形（80 dBμV/ch）を示す。過

[†] p.142 の脚注の式に $R_i = 50$ Ω を代入すれば，C_i〔dBm〕≒ V_s〔dBμV〕-107 dB となる。$V_s = 60$ dBμV を代入すれば，$C_i = -47$ dBm となる。

5. 地上ディジタル放送における OFDM 波の伝送および受信と監視のための新技術

```
(a)  中心周波数：543 MHz
     〔V（レベル）：10 dB/div.,
      H（周波数）：10 MHz/div.〕
     AGC あり

(b)  中心周波数：543 MHz
     〔V（レベル）：10 dB/div.,
      H（周波数）：8 MHz/div.〕
     AGC なし
```

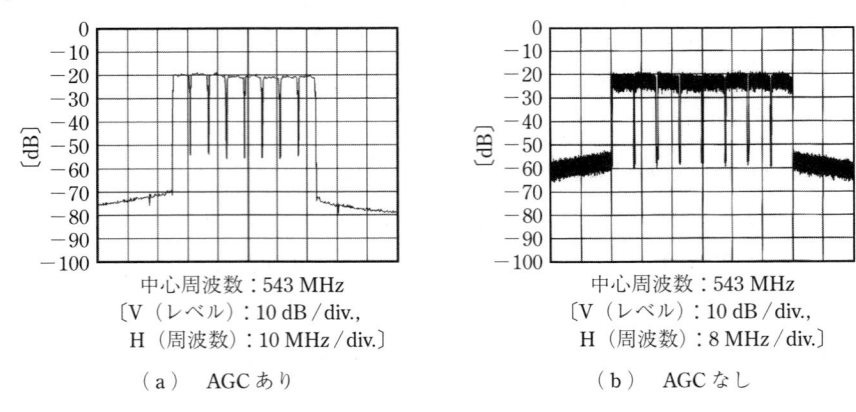

図 5.9 過入力レベル（+20 dB, 80 dB μV/ch）時の出力スペクトル波形

入力により 3 次相互変調ひずみが大きくなっている（$IMD_3 = -35$ dB）。

5.1.3 SFN 環境下における長距離遅延プロファイル測定装置

SFN ネットワークにおいては，電波は同じチャネルで送信されるが，保守・管理の面から放送中においても各送信局の遅延特性（遅延プロファイル）を測定できる装置が必要となる。ここで，**遅延プロファイル**（delay profile）の測定とは，到来時間差（遅延時間）をもった複数の電波が受信される場合の遅延時間とレベルの平均分布を測定することをいう。

OFDM 波における従来の遅延プロファイル測定法としては，SP 信号を使用した方法（SP 法[†]）とスペクトルアナライザで観測した振幅周波数特性を IFFT で分析する方法（スペクトルアナライザ法）がある。

SFN 環境下においては，周波数が同じで，かつプログラムが同一内容の他局電波が到来する。置局時には，受信エリア内において他局との到来時間差がガードインターバル以内となるように遅延時間を調整するが，OFDM 変調器の処理時間の差などにより，1 ms 以上の到来時間差が生じる場合がある。

開局後においても，300 km 以上の伝搬距離差がある場合には 1 ms 以上の

[†] SP 信号を利用して伝送路の伝達関数を推定し，IFFT すればインパルスが現れることを利用。

遅延時間となるが，従来の方法では対応できない。その理由はSP法，スペクトルアナライザ法ともFFT長を長く，自由に設定できない方式であることによる。すなわち，SP法ではキャリヤを復調してSP信号を抽出するためFFT長（ウィンドウ幅）を有効シンボル長の1.008 ms（モード3（固定受信用）の場合）とする必要がある。SPの実効的な周波数間隔はキャリヤ間隔の3倍であり，離散フーリエ変換における周波数離散幅もキャリヤ間隔の3倍となる。

FFT長は周波数離散幅の逆数であり，さらに測定可能な遅延時間は折返し時間の影響によりその1/2となるから，モード3の場合の測定可能時間は168 μs（1.008 ms/6）となる。

長距離遅延プロファイル測定装置は，**図5.10**に示すようにハードウェアにより時間波形データを取り込み，以降は解析プログラムによりデータをFFTしてスペクトル（周波数領域データ）に変換している。さらに電力スペクトルに変換した後IFFTし，原理的に生じる誤差の補正を行った後，遅延プロファイルを得ている[40]。

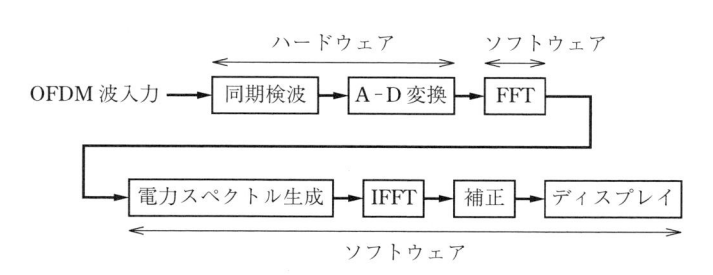

図5.10 長距離遅延プロファイル測定装置の基本構成

装置の特長はこのように目標の遅延時間に応じて，自由にFFT長を設定できることにある。すなわち，ソフトウェア処理でハードウェアから得た時間波形データの数を増やすことにより，データ数に比例してFFT長を長くすることができる。これにより測定遅延時間に原理的に制約がない装置を実現でき，目標とする1 ms以上の遅延時間差をもつ電波の測定が可能となった。

〔1〕**誤差原因**　この装置は，長い遅延時間をもつ電波測定が可能であ

るという特長をもつが，入力信号の周波数スペクトルレベルが一定であることを前提としている。

しかし，実際の OFDM 信号の各キャリヤは，振幅値に情報をもつ 64 QAM などによって変調されているため，そのスペクトルレベルは周波数に対して一定ではなく，平均電力と平均電力からの偏差の和と見なすことができる。

この偏差は，平均値が 0 でランダムな値をとるため，白色ガウス雑音と同じ特性となり，平均電力に雑音が重畳された場合と等価と見なせる。したがって，IFFT 出力は，全時間領域に雑音が重畳された波形となり，低レベルの遅延波の測定が困難となる。また，電力スペクトルに変換するという非線形（2 乗特性）動作により，偽インパルスが発生する。

さらに，本装置は 1 ms 以上の遅延時間を測定するため FFT 長をこの 2 倍以上とする必要があることから，ガードインターバル（126 μs）が機能しない。このため，ガードインターバルを超える遅延波があるときは図 5.11 に示すように隣接シンボル間干渉により，遅延波レベルの低下，等価 CNR の劣化などが生じ，誤差となる。また，複数のマルチパス波が混入した場合にも，相互変調積による偽インパルスが発生する。

T_G：ガードインターバル長
T：有効シンボル長
τ_d：遅延時間

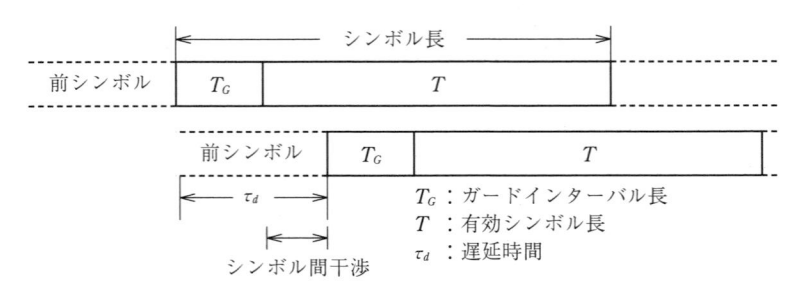

図 5.11 ガードインターバルを超える遅延波があるときのシンボル間干渉

〔2〕 誤差対策

（1）偽インパルスの発生，スペクトル偏差および異シンボル混入に対する対策　非線形処理により生じる偽インパルスの平均値は，FFT 時のサンプルデータ総数 N（2 の整数のべき乗値，この装置では 8192^p，整数 p は任意の

値)の平方根に逆比例するため,Nを大きくすれば信号対雑音比が$\sqrt{N}$倍改善される。

このため,遅延波が偽インパルスに埋もれて測定できないような低レベルの場合でもNを大きくし,真の遅延波のレベルと偽インパルスのレベルの比を大きくすることにより,測定が可能となる。

例えば,Nを2倍とすると3 dB感度が向上するため,Nを大きくして偽インパルスの影響が無視できるようにしている。64 QAM変調などにより生じるスペクトルレベルの偏差,あるいは受信機の内部雑音による誤差についても,同様の原理が適用でき,Nを大きくすることによって誤差の影響を実用上問題がない程度に低減させることができる。

また,異シンボルが混入した場合についても雑音が加算された場合と同じ状況となるため,サンプル総数Nを大きく(FFT長を長く)すれば影響を軽減できる。

(2) 複数の遅延波が到来したときの誤差の対策　複数の遅延波を含む場合のIFFT出力には図5.12に示すように,相互変調積によるさまざまな偽インパルスが現れる。この対策として,相互変調積成分のレベルはそれぞれの遅延波レベルの積であり,その時間はそれぞれの遅延波の遅延時間差となることを利用した以下のアルゴリズムにより偽信号の除去を行っている。

① IFFT出力において,主波以外のインパルスで最大レベルと2番目のインパルスは遅延波(偽インパルスの相互変調積はいずれの2値の積よりも

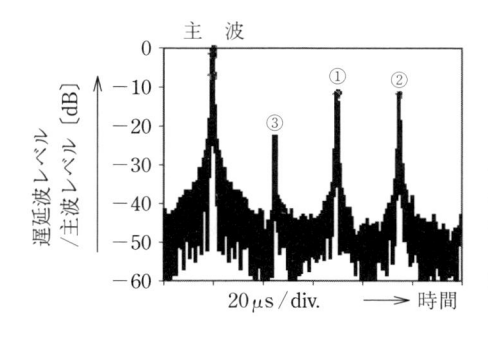

① 遅延時間が50 μsの遅延波
② 遅延時間が75 μsの遅延波
③ 遅延時間が25 μsの遅延波

図 5.12　偽インパルスの発生

小）である。

② 偽インパルスの積の遅延時間は両遅延波の差となる。したがって，両遅延波の差の時間にあるインパルスは相互変調積成分である。

③ 既知の遅延波と相互変調積成分を除けば，最大値のインパルスは新たな遅延波である。

④ 新たな遅延波を加え，既知のすべての遅延波の組合せにより得られる時間差をもつインパルスを新たな相互変調積成分と判定し，除外する。

上記の判定 ①～④ を順次繰り返せば，すべてのインパルスを真の遅延波と相互変調積成分に選別でき，不要な成分（偽インパルス）を除去できる。

〔3〕 **性　　能**　遅延時間が $100\,\mu s$ で FFT 長が 2 ms および 64 ms の場合の遅延波レベル/主波レベル（到来波のなかで最もレベルが高いもの）をディスプレイに表示したところ，全時間領域においてほぼ一様に偽インパルスが現れ，FFT 長が 2 ms の場合の偽インパルス最大レベルは $-35\,dB$ であった。一方，64 ms と長くした場合には，偽インパルスの最大値は $-44\,dB$ となっており，大幅に改善された。

図 5.13 に遅延時間が 2 ms の遅延波を入力した場合の周波数スペクトルと遅延プロファイルを示す。FFT 長を 64 ms としているため，2 ms という長い

（a）周波数スペクトル　　（b）遅延プロファイル

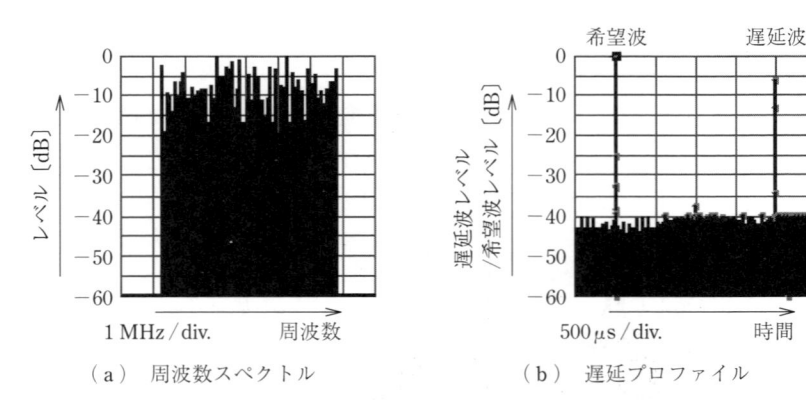

図 5.13　遅延時間が 2 ms の遅延波を入力した場合の周波数スペクトルと遅延プロファイル

遅延時間においても −40 dB 程度の低レベル遅延波まで測定できている。

5.2　OFDM 波の増幅技術

5.2.1　ディジタルプリディストーション方式 MCPA

地上ディジタル放送において採用されている OFDM 信号はマルチキャリヤ信号であるためその瞬時電力は平均電力の 10 倍を超えることがあり，送信装置に使用される PA（電力増幅器）の非直線性が課題となる。特に中継装置においてはコスト低減のため，多数のチャネルを一括増幅できる性能が要求され，広帯域（約 50 MHz，テレビ 8 チャネル分に相当）において良好な直線性をもつ **MCPA**（multiple channel power amplifier）が求められている。

MCPA としては，**フィードフォワード**（feedforward）方式を用いたものが一般的であるが，図 5.14 に示すようにひずみ打消し用のサブアンプ（補助 PA）が必要であり，高効率化には限界がある。このため，図 5.15 に示す PA 入力信号に直接ひずみ補償をかけるディジタルプリディストーションを用いた

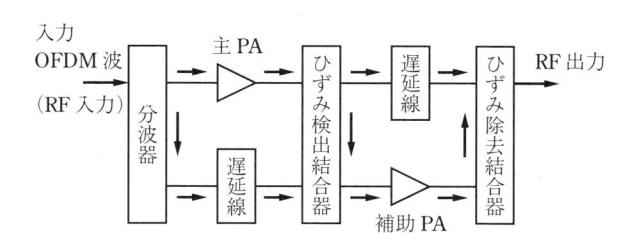

図 5.14　フィードフォワード方式 PA の基本構成

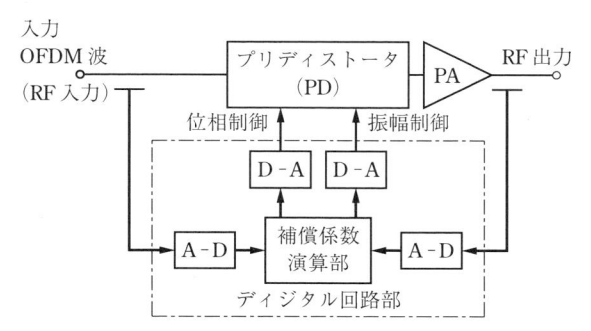

図 5.15　ディジタルプリディストーション方式 MCPA の基本構成

装置が開発されている[41]。

入力が放送波である中継局で使用するためには RF 帯で補償できる方式が有利であるが，50 MHz の帯域を得るためには，ひずみ補償部への入力周波数（UHF 波をダウンコンバートした後の IF 周波数）を 50 MHz 以上としなければならず，高速，高精度の A-D，D-A 変換器が必要となる。この装置においては，サンプリング周波数が 200 MHz 以上で，ビット数が 12〜14 bit の A-D，D-A 変換器を使用し，広帯域化を実現している。

〔1〕 **補償の原理**　　まず，入出力を比較してひずみ成分を抜き出した後，入力信号を用いてひずみ成分を同相成分（入力 x と同相）と直交成分に分ける。これにより，I-Q 平面上に置かれたこの点は位相回転することなく，直接ひずみ成分の振幅成分と位相成分の誤差を表すことができる。つぎにひずみ成分の振幅成分と位相成分を ROM でつくった後，これらを D-A 変換して，**プリディストータ**（predistorter）で入力に逆補正をかける。

図 5.16 にひずみ補償モデルを示す。x を PA 入力信号とし，PA のひずみ特性を表す関数を $f(x)$ とすれば，出力信号 y_{amp} は式（5.2）で表される。

$$y_{\text{amp}} = f(x) \tag{5.2}$$

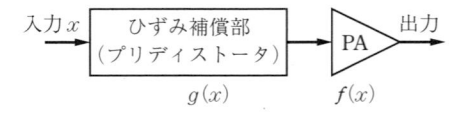

図 5.16 ひずみ補償モデル

プリディストータのひずみ特性を表す関数（プリディストータの出力信号）を $g(x)$ とすれば，PA の非線形性を補償するためには PA に $g(x)$ を入力したものが，入力信号 x と等しくなる必要があり，式（5.3）が成り立つ。

$$f(g(x)) = x \tag{5.3}$$

$g(x)$ はプリディストータで自由に設定できるため，$g(x)$ を求めると

$$g(x) = f^{-1}(x) \tag{5.4}$$

となり，$g(x)$ は $f(x)$ の逆関数となればよい。

PA のひずみ特性は AM-AM 成分と AM-PM 成分で表されるので，式

(5.4) の $f^{-1}(x)$ は複素数からなる係数 a と入力信号 x の包絡電力である $|x|^2$ を用いて式 (5.5) に示すべき級数展開で求めることができる。

$$f^{-1}(x) = (a_1 + a_3|x|^2 + a_5|x|^4 + \cdots)x \tag{5.5}$$

係数 a_1, a_3, a_5, … は，PA のひずみ成分に依存した定数であり，ひずみ特性 $f(x)$ が与えられれば一意に求めることができる。この装置では，ダイナミックレンジを抑えるため，ひずみ成分の抽出方法として RF 出力信号と RF 入力信号の差分をとっているので，入力信号 x に対するひずみ成分 y_d は式 (5.6) で表される。

$$y_d = (\beta_1 + \beta_3|x|^2 + \beta_5|x|^4 + \cdots)x \tag{5.6}$$

ここで，β_1 の項は入出力の利得差である。

図 5.15 のひずみ補償係数演算部で式 (5.6) の $|x|$ と β 値を求め，この値が最小になるように制御することにより，相互変調ひずみ (IMD) を広帯域にわたって低減させることが可能となる。なお，実際の計算においては β_9 (9次) まで求めている。

この装置は包絡レベルに応じた量で振幅と位相の補償を行っており，リアルタイムで包絡レベル〔式 (5.6) の $|x|$〕を求める必要がある。この包絡レベルを広帯域にわたって検出しなければならないが，ダイオード検波などでは RF 帯域で直接 60 MHz 帯域の包絡レベルを得ることは困難である。このため，入力 RF 信号を IF 帯にダウンコンバートし，A-D 変換した後に計算によって包絡レベルを求めている。RF 信号を IF にダウンコンバートした後の電圧 $v(t)$ は，I をベースバンドの同相成分，Q をベースバンドの直交成分，f を IF 周波数とすれば，式 (5.7) で表される。

$$v(t) = I\cos(2\pi ft) + Q\sin(2\pi ft) \tag{5.7}$$

$v^2(t)$ を求めると

$$\begin{aligned}v^2(t) &= \{I\cos(2\pi ft) + Q\sin(2\pi ft)\}^2 \\ &= \frac{I^2 + Q^2}{2} + \frac{(I^2 - Q^2)\cos(4\pi ft)}{2} + IQ\sin(4\pi ft)\end{aligned} \tag{5.8}$$

式 (5.8) の第1項はベースバンドの包絡成分，第2項と第3項は信号源の

2倍の周波数成分を表している。これより，IF信号を2乗し，LPFを通すことにより第1項のみを取り出し，包絡成分を抽出している。

〔2〕 **性　　能**　4チャネルのOFDM波を同時入力したときのIMDは$-50\,\mathrm{dB}$以下が得られている。8チャネル入力時でも図5.17に示すように$-42\,\mathrm{dB}$以下のIMDを実現している。

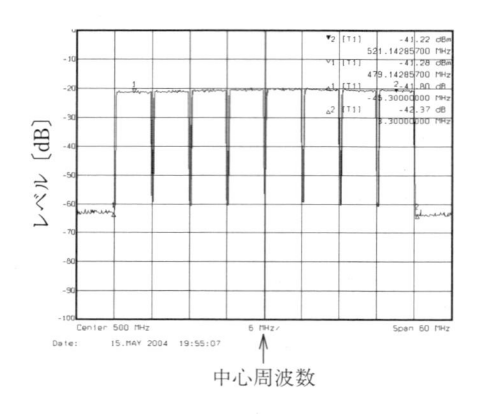

中心周波数：500 MHz
〔V（レベル）：10 dB/div.,
　H（周波数）：6 MHz/div.〕

図5.17　OFDM波8チャネル入力時のMCPA出力スペクトル波形

図5.18に補償なし，ありの場合のOFDM波（UHF帯1波）を示す。補償なしのときのIMDは$-30\,\mathrm{dB}$程度であるが，補償時は$-50\,\mathrm{dB}$が得られている。また，**電力効率**（power efficiency）はトータル出力15 Wにおいて，フィードフォワード方式に比べて1.5～1.6倍（10.2～11.2％）が得られている。

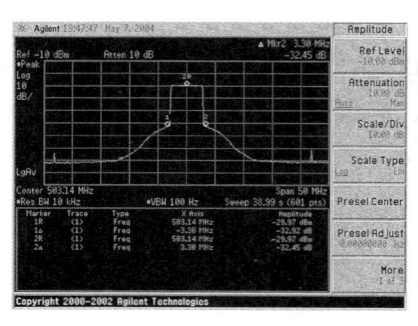

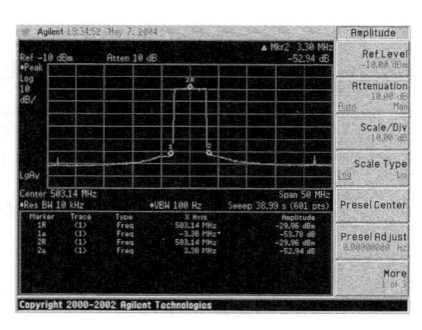

（a）補償なし　　　　　　　　　（b）補償あり
中心周波数：503.14 MHz〔V（レベル）：10 dB/div., H（周波数）：5 MHz/div.〕
図5.18　入力CNRが56 dB時の補償動作波形

この装置は出力にかかわらず補償部の消費電力は一定であるため，出力が大きくなればなるほど効率は向上する。例えば，トータル出力を 60 W とした場合はフィードフォワード方式に比べ，2 倍の効率向上が見込まれ，消費電力，設備コストも含めて経費の節減効果は大きい。

5.2.2 GaN-HEMT を用いた PA

ワイドギャップ半導体である窒化ガリウム（GaN）は，従来の半導体に比べて耐電圧が高く（シリコンの約 10 倍），飽和電子速度が速い（シリコンの約 2.7 倍）という特長があり，高周波電力増幅用トランジスタの材料として期待されている。近年，GaN を材料とする高周波用トランジスタ（GaN-HEMT）が実用化されるに至り，**GaN-HEMT**（gallium nitrogen-high electron mobility transistor）を用いた中継局用 PA が開発されている[42]。

図 5.19 に GaN-HEMT を用いた PA の基本構成を示す。ドライバおよび終段増幅回路は，それぞれ 2 個の GaN-HEMT を用いた**プッシュプル**（push-pull）構成とし，**AB 級**（class AB）で動作させている。GaN-HEMT の特長を活かして，ドレイン電圧を高くして電力効率を改善するとともに，バイアス電流の調整により低ひずみを図っている。

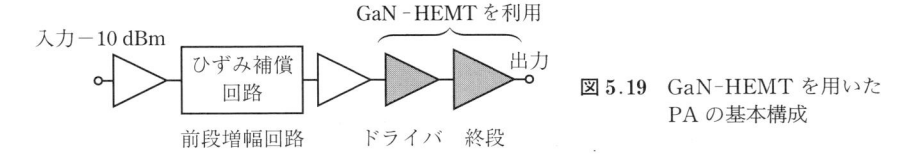

図 5.19　GaN-HEMT を用いた PA の基本構成

増幅回路単体での IMD 特性がよいため，非常に簡易なアナログ式ひずみ補償回路の付加のみで所要の IMD 特性を得ることができる。

図 5.20 に，出力電力に対する IMD と電力効率特性を示す。図のように，出力電力 8 W（39 dBm）で IMD は -51 dB，電力効率（前段増幅回路を含む）は約 12 ％が得られている（従来のシリコントランジスタを使用した PA に比べて約 2 倍）。

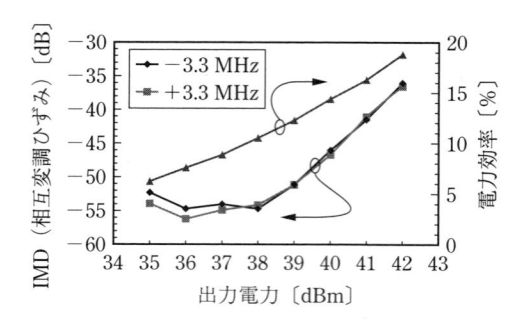

図5.20 出力電力に対するIMDと電力効率特性

5.2.3 番組伝送用マイクロ波帯高効率電力増幅器

地上ディジタル放送の番組伝送に使用される **STL**（studio transmitter link, 演奏所（スタジオ）と放送所を結ぶ回線），**TTL**（transmitter to transmitter link, 送信所と送信所を結ぶ回線）のようにOFDM波をマイクロ波帯で増幅・伝送する場合，熱雑音，周波数変換に伴う局部発振器からの位相雑音，増幅器の非直線性などにより信号が劣化する。

OFDM波の増幅には直線性が要求されるが，一般的にマイクロ波帯の電力素子は周波数が高くなるほどIMDが増加するため，バックオフ量を多くとる必要があり，電力効率は著しく低下する。特に1Wを超える電力が必要な場合，適当な電力素子が存在しない。これらの課題に対応するため，**プリディストータ**（predistorter, **PD**）を用いた7GHz帯高効率PAが開発されている[43]。

プリディストーション（PAで生じるひずみをPA入力側であらかじめ補正しておく）によりひずみ補償を行う場合，特に温度変化により補償量は大きく変動する。

図5.21に7GHz帯PAの基本構成を示す。この装置では，PAの温度を検出し，プリディストータの入力レベルを温度データに基づいて制御することにより，周囲温度の変化に対して安定した補償動作を実現させている。

マイクロ波帯PAで一般に用いられている **GaAsFET**（gallium arsenide field effect transistor）のIMD特性は出力レベルが一定の場合，室温時に対

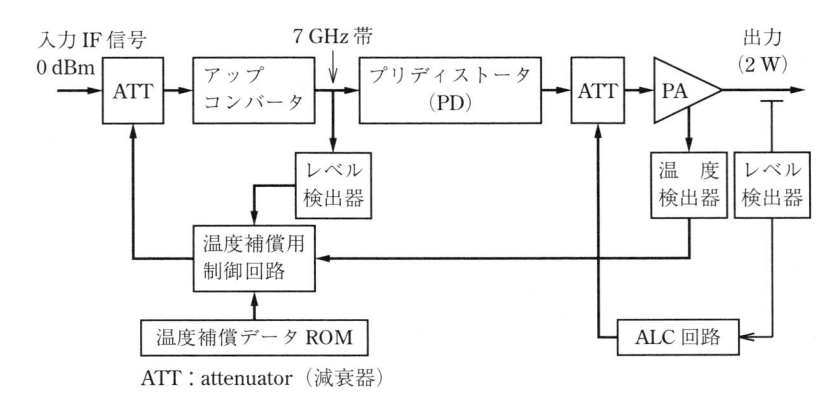

5.2 OFDM波の増幅技術

図5.21 7GHz帯PAの基本構成

して低温時には減少し，高温時には増加する。すなわち，**多数キャリヤ**（majority carrier）を利用するFET素子では，温度が高くなるほどドレイン電流が減少するため，飽和出力レベルは低下する。この状態で**ALC**（automatic level control）回路により室温時と同じ出力レベルが得られるように入力レベルを高めるとバックオフが減少して，IMDが増加する。低温時にはこの逆の動作となり，ドレイン電流が増えるため，IMDが減少する。そこで，入力レベルに対してひずみ補償量が増加するPD（プリディストータ）（**図5.22**）をPAの入力部に使用し，実測した温度データを書き込んだROMの情報により入力レベルを変えてIMDを相殺させている。

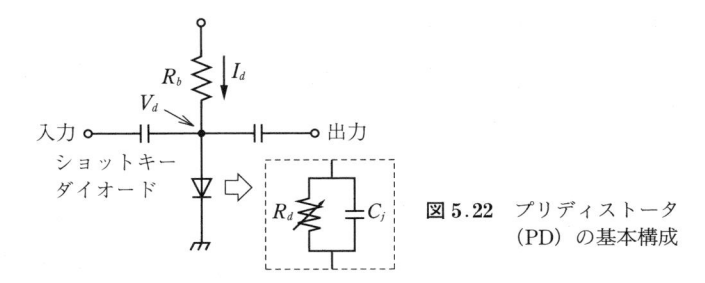

図5.22 プリディストータ（PD）の基本構成

PD補償時のOFDM出力2W時におけるIMD改善量は約10dB，等価CNRは50dB強が得られている。また，PA電力効率は2.2％であり，従来に比べて5倍の効率改善がなされている。

5.3 OFDM 波の監視技術

5.3.1 MER を用いた監視技術

　放送ネットワークにおいて，回線品質を管理するためには，各段の CNR 劣化量を適切に把握する必要がある．アナログ放送の場合は，信号レベルの管理のみでも大きな問題は生じない．しかし，ディジタル波の場合は，CNR がある値より悪くなるとまったく受信できなくなる，いわゆる**クリフエフェクト**（cliff effect）現象があるため，CNR マージンをつねに把握することはきわめて重要である．

　例えば，アナログ放送においては，妨害波の混入などがあれば画質に異常が生じ，良否を容易に確認できるが，ディジタル放送においては，破綻が生じる（まったく受信できなくなる）まで画質劣化がまったく発生しない．

　これは，ディジタル放送においては強力な誤り訂正符号を用いて高品質なサービスを可能としているが，訂正できるビット数にも限界があり，受信電界があるレベル以下になったような場合には，まったく受信できない状態（画像破綻）となる．すなわち，図 5.23 に示すように，アナログ放送では受信電界の低下とともに徐々に画像が悪くなるが，ディジタル放送においてはきれいな画

良い ←←←←← C/N →→→→→ 悪い

（a）アナログ波

（b）ディジタル波

図 5.23 クリフエフェクト

像が見られるか，まったく画像がなくなるかのいずれかとなる。

そこで，**MER**（modulation error ratio，**変調誤差比**）を利用してCNRの劣化状況を常時監視するとともに，劣化量がある値を超えれば警報を出力する手法が取り入れられている[44]。

地上ディジタルテレビ放送のネットワークの一例を，**図 5.24** に示す。例えば，図のように中継段数を4とすれば，4段目の中継放送所の出力CNRは約30 dB，受信機の復調可能入力CNRは約20.1 dB，このときのBER（誤り率）はおよそ2×10^{-4}となる。このようにCNRが比較的低い場合は，**図 5.25** のように雑音加算によりBER劣化を観測する，いわゆる間接測定法によりCNRマージンは容易に推測できる。

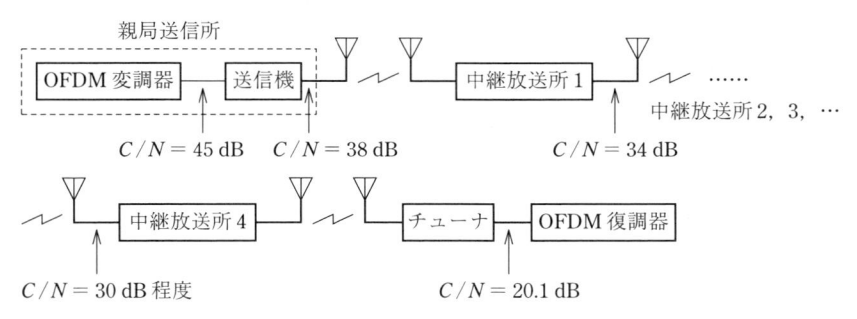

図 5.24 地上ディジタルテレビ放送のネットワークの一例

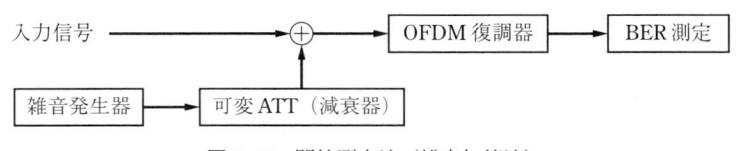

図 5.25 間接測定法（雑音加算法）

しかし，親局の送信出力（等価$C/N≒38$ dB以上）やOFDM変調器出力（$C/N≒45$ dB）のような高品質な信号の場合，雑音を加算する方法では，精度よく測定できない。すなわち，**図 5.26** で明らかなように35 dBを超えるような高CNRの場合，加算雑音量のわずかな変動に対してCNRは大きく変化するため，信号から直接的にCNRを求める直接測定法（MERを用いた

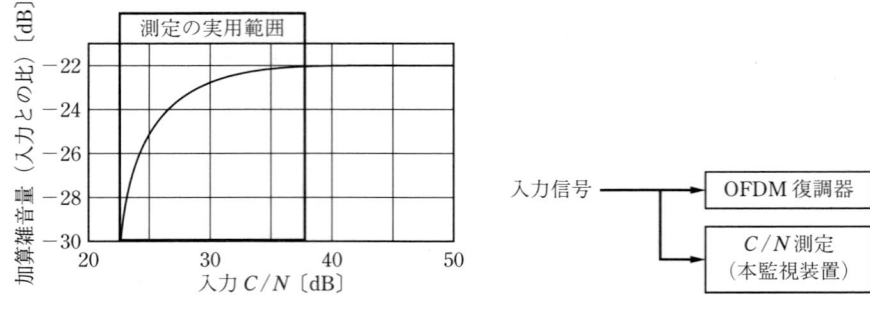

5．地上ディジタル放送における OFDM 波の伝送および受信と監視のための新技術

図 5.26 入力 CNR と加算雑音量の関係

図 5.27 直接測定法の系統

CNR の測定) が必要となる。**図 5.27** に直接測定法の系統を示す。

〔1〕 **MER 測定の原理** 　MER とは，64 QAM などの変調信号を復調して I-Q 平面に展開した際の，理想コンスタレーションポイントと，そこからのベクトル誤差との電力比のことであり，式 (5.9) で定義される。**図 5.28** に MER 測定の原理を示す。

$$\mathrm{MER} = \frac{\sum_{j=1}^{N}(I_j^2 + Q_j^2)}{\sum_{j=1}^{N}(\delta I_j^2 + \delta Q_j^2)} \tag{5.9}$$

$$\mathrm{MER} = \frac{\sum_{j=1}^{N}(I_j^2 + Q_j^2)}{\sum_{j=1}^{N}(\delta I_j^2 + \delta Q_j^2)}$$

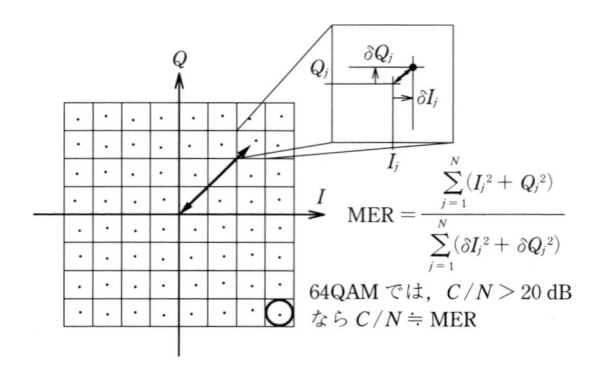

64QAM では，$C/N > 20$ dB なら $C/N \fallingdotseq \mathrm{MER}$

図 5.28 MER 測定の原理

復調したコンスタレーションポイントが図に示す一つの正方形の範囲に正しくマッピングされる場合，MER の値は C/N そのものとなる。

MER を利用すれば，**図 5.29** に示すように高 C/N 信号 (50 dB 近く) でも精度よく測定できるため，高品質な親局装置出力の監視に有効である。また，

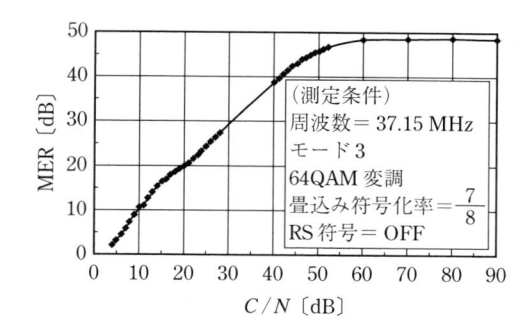

図5.29 CNRに対するMER

(測定条件)
周波数 = 37.15 MHz
モード3
64QAM変調
畳込み符号化率 = $\frac{7}{8}$
RS符号 = OFF

正方形の範囲外（$C/N \leq 20$ dB）においても誤差は大きくなるが，おおよその値を把握できる。

図5.30にMERとBER（誤り率）を比較したものを示す[45]。BER測定では誤り訂正（畳込み符号の符号化率3/4）をかければ，20数dB以上，訂正なしの状態でもCNRが30数dB以上になるとエラーフリーとなり，そのままでは信号品質（CNRマージン）を把握することができない。しかし，MERを用いればCNRの広い範囲で信号の良否を正確に判別できることがわかる。

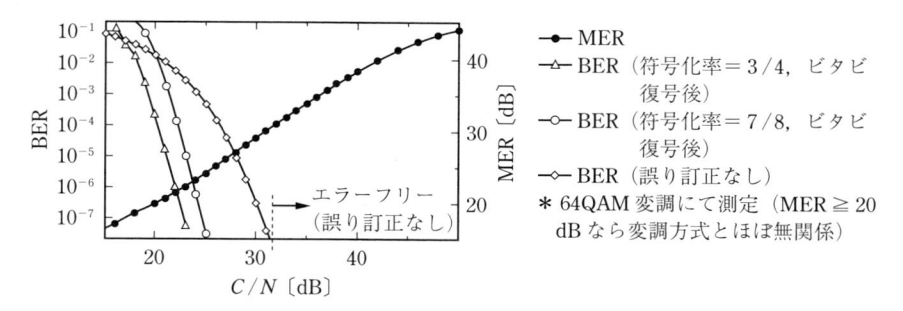

図5.30 MERとBERとの比較

- MER
- BER（符号化率 = 3/4, ビタビ復号後）
- BER（符号化率 = 7/8, ビタビ復号後）
- BER（誤り訂正なし）
* 64QAM変調にて測定（MER $\geq$ 20 dBなら変調方式とほぼ無関係）

また，MERが20 dB以上においては変調方式にほとんど無関係な値が得られる。

〔2〕 **MERによる測定例**　図5.31は64QAMで変調された理想的なOFDM波（UHF帯13チャネル，470〜476 MHz）のMERを測定したものである[45]。MERは50.2 dBとなっており，50 dB以上の値を測定できている。

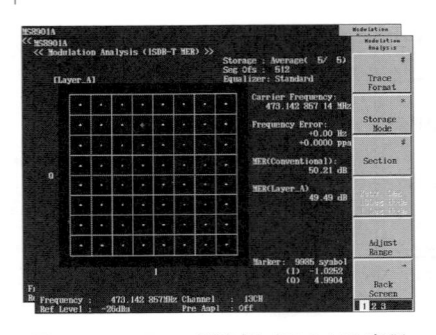

5. 地上ディジタル放送における OFDM 波の伝送および受信と監視のための新技術

図 5.31　MER の測定例（64 QAM 変調された理想信号）

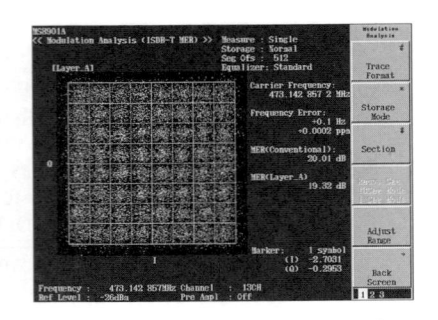

図 5.32　MER の測定例（64 QAM 変調された C/N ＝約 20 dB の信号）

図 5.32 は同じく 64 QAM で変調された C/N ＝約 20 dB の OFDM 波（UHF 帯 13 チャネル）の MER を測定したものである。MER は 20.01 dB となっており，正確に測定されている。

図 5.33 は，発振器に周波数変動がある場合のコンスタレーションで，MER は約 28 dB である。振幅方向ではなく，位相方向のみに変動が見られ，発振器の位相変動が原因であること，すなわち周波数が不安定になっていることなどが即座にわかる。

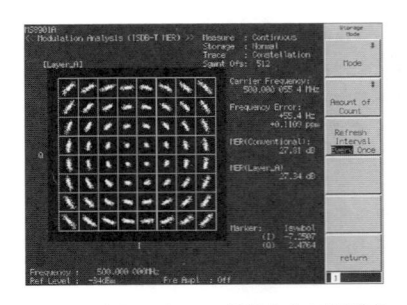

- コンスタレーションが緩やかに円弧を描く。
- 周波数が安定しない場合は周波数同期にエラーが生じ，位相方向への広がりが生じる。

図 5.33　発振器に周波数変動があるときの MER

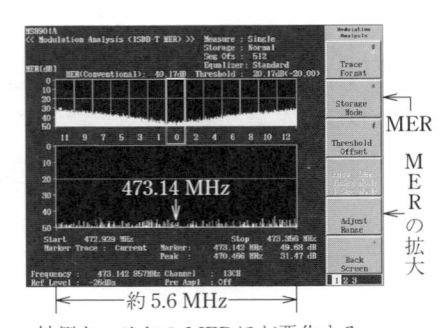

- 外側キャリヤの MER ほど悪化する。
- FFT サンプリング周波数のずれは各キャリヤの周波数に比例した誤差を発生させるため，周波数が高いほどその影響を受けている。

図 5.34　FFT サンプリング周波数のずれが生じた場合の MER

5.3 OFDM波の監視技術

図5.34は帯域周波数に対するMERを測定したもので，OFDM波のいちばん低い周波数から最も高い周波数におけるFFTサンプリング周波数のずれを示している。FFTのサンプリング周波数ずれは各キャリヤの周波数に比例した誤差を発生させており，周波数が高いほどその影響を受けている。

すなわち，中央部キャリヤでのMERは45 dB程度が得られているが，帯域端のキャリヤにおけるMERは30数dBしか確保されていない。これはサンプリング周波数の偏差によるサンプル点のずれは，キャリヤの周波数が高いほど影響を受けやすいためである。

このように，MERの測定だけではなくコンスタレーションと併用することにより，故障原因の究明ツールとしても有効である。

〔3〕 **MERの応用** 図5.35にMER測定技術をもとに実現した小形・軽量なポータブルフィールドアナライザを示す[46]。地上ディジタル放送は，チャネルや電力のほかに，送信モード（固定受信，移動受信などを指定），各キャリヤの変調方式，ガードインターバル比など数多くのパラメータをもつ非常

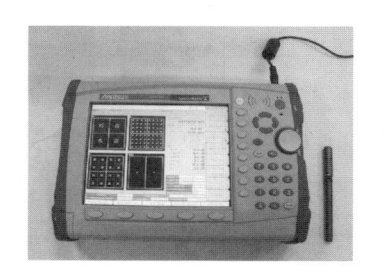

図5.35 ポータブルフィールドアナライザ〔大きさは311（W）×211（H）×77（D）mmで，重さは2.9 kg〕

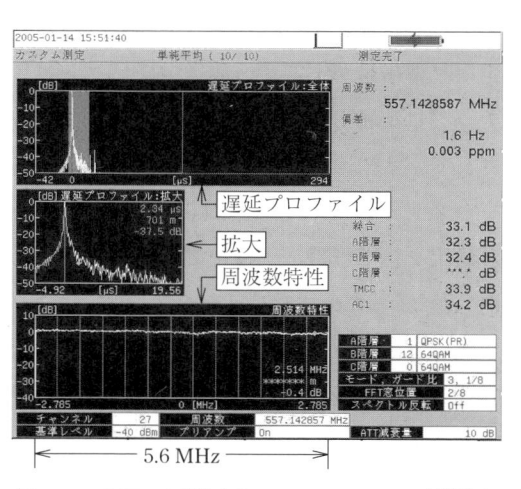

図5.36 MERと遅延プロファイル，および帯域内周波数特性の測定例

に複雑なシステムであり，専門的知識がなくとも正確かつ自動的に測定できる装置が切実に求められてきた．

この装置はこのようなニーズに応えるために開発されたもので，モード，変調方式などのパラメータをすべて装置が自動的に設定して測定できる機能や，多チャネルを順次測定できる機能ももっている．

図 5.36 は図 5.35 に示した装置を用いた地上ディジタル中継局電波の MER と遅延プロファイルおよび帯域内周波数特性の測定例である．階層ごとに測定できるようになっており，A 階層（QPSK）の MER は 32.3 dB，B 階層（64 QAM）の MER は 32.4 dB である．

制御用の TMCC 信号と AC 1（補助チャネル 1）の MER はそれぞれ 33.9 dB，34.2 dB となっており，トータルした総合 MER は，33.1 dB である．

5.3.2　放送中に BER 測定が可能な監視装置

MER を用いた監視装置は高 CNR の測定が可能であるが，設備規模の小さい中継局に導入するのはコスト面で困難である．このため，中継局用として測定用基準信号が不要で，放送中にビット誤り率（BER）が検出できる機能を 1 チップに集積した LSI を用いた小形・低コストな中継局電波監視装置が開発されている[47]．

システムの基本構成を図 5.37 に示す．放送電波を受信，復調して測定および検出を行う子機，子機が測定・検出したデータを詳細に遠隔監視するホスト PC〔パーソナルコンピュータ（以下，パソコン）〕で構成されている．中継局に置かれる装置（子機）の基本構成を図 5.38 に，外観を図 5.39 に示す．入力 OFDM 波はチューナで IF 信号（57 MHz 帯）に周波数変換された後，LSI に入力される．LSI の機能制御と BER などの測定値の収集，チューナの選局制御は，すべて CPU（central processing unit，中央処理装置）により制御される．

子機の主要機能を実現させる専用 LSI の基本構成を図 5.40 に，外観を図 5.41 に示す．OFDM 復調部，雑音発生部，RS 訂正部，ビット誤り検出部，C/N 測定部，AC 1 復調部などから構成されている．また，LSI の諸元を表

5.3 OFDM波の監視技術

図5.37 システムの基本構成

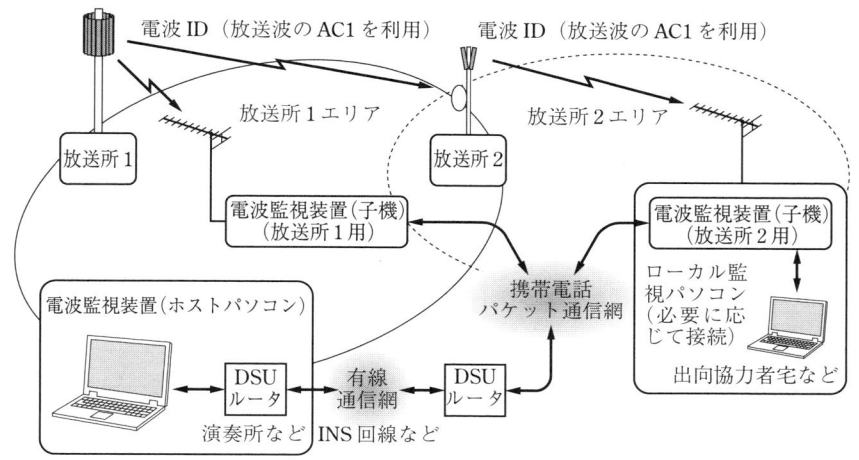

DSU：digital service unit（ディジタル回線終端装置）

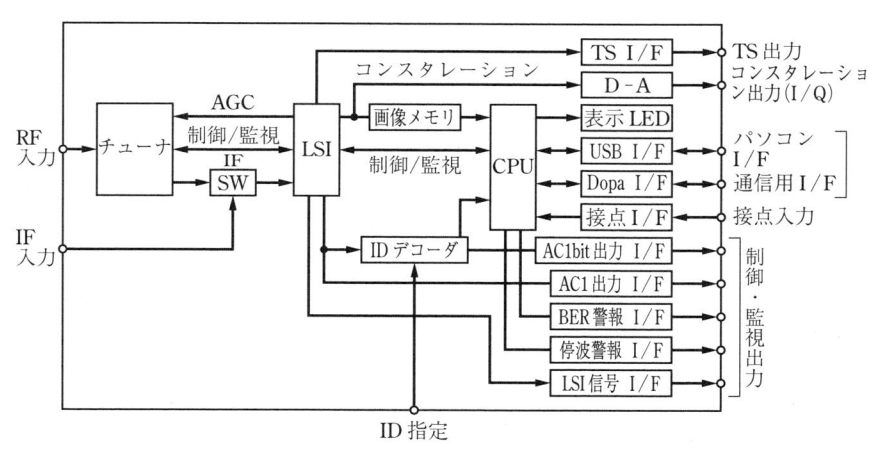

図5.38 装置（子機）の基本構成

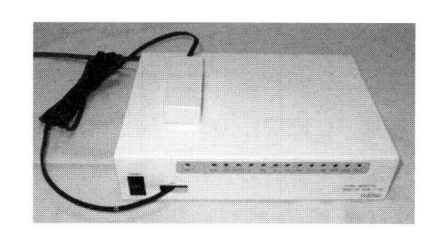

図5.39 装置（子機）の外観

5. 地上ディジタル放送における OFDM 波の伝送および受信と監視のための新技術

図 5.40 LSI の基本構成

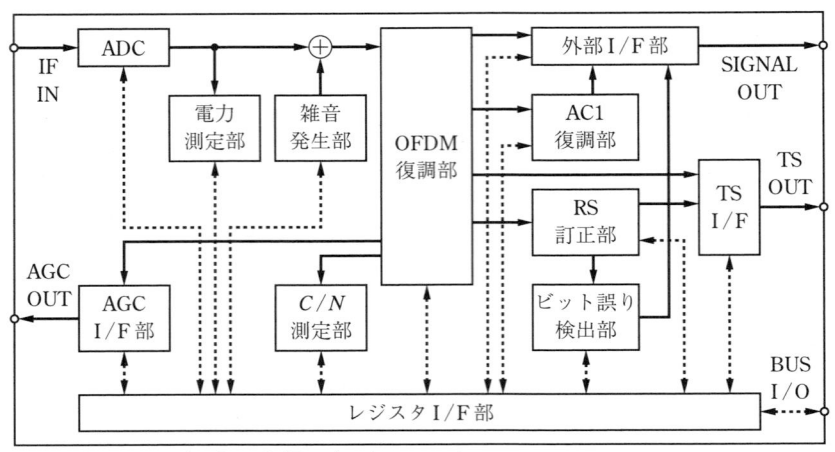

ADC：A-D コンバータ，I/F：インタフェース

図 5.41 LSI の外観

表 5.1 LSI の諸元

プロセス	0.18 μm CMOS
回路規模	1 170 万トランジスタ
動作周波数	32 MHz
入力周波数	57 MHz（中心周波数）
電源電圧	+1.5 V，+1.8 V（内部），+3.3 V（I/O）
パッケージ	QFP-208（208 ピン）
消費電力	500 mW 以下（実測：400 mW）

5.1 に示す。

図 5.42 は OFDM 復調部の基本構成である。ARIB（電波産業会）規格[8]に準拠した ISDB-T 信号を復調し，パラレル TS/シリアル TS を出力する。RS 訂正部は機能の ON/OFF が指定できる。シリアル TS は出力階層を指定できるので，RS 訂正前における復調 TS の BER が測定可能である。

コンスタレーションは A 階層，B 階層，C 階層，SP 信号のなかから複数を選択して出力できる。また，コンスタレーションは，D-A 変換した出力をオシロスコープでモニタリングが可能なほか，I/Q ビットデータを画像メモリに

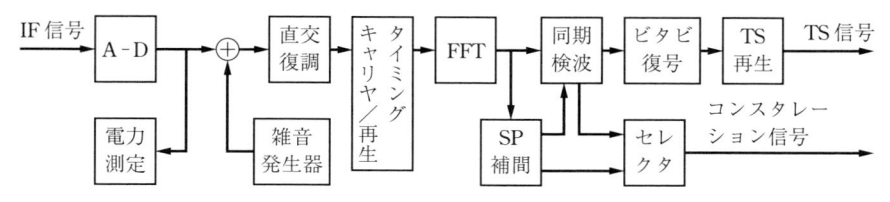

図5.42 OFDM復調部の基本構成

いったん書き込み，CPUから監視パソコンに転送することで，監視パソコン上に動画で表示できる。

ビット誤り検出部の基本構成を**図5.43**に示す。ビット誤り検出部は，RS訂正部がTSパケット信号中8byteまでの誤りビットを検出，訂正する機能をもっていることを利用している。

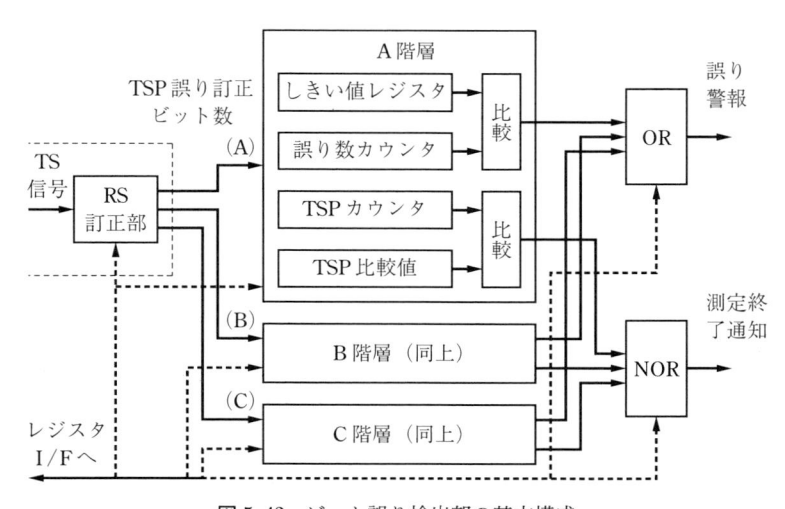

図5.43 ビット誤り検出部の基本構成

検出したビット誤り数を誤り数カウンタで計数する処理を，TSPカウンタで指定したTSP数だけ連続して行っているのが特長である。この動作はペイロード（実際に送りたい情報）に依存せず，放送中にビット誤り数を測定できる。ビット誤り検出部では，計数値としきい値レジスタに設定したしきい値を比較し，しきい値を超えた時点で誤り警報を出力する。3系統のビット誤り検

出部を実装しており，A階層，B階層，C階層を同時に測定，監視することが可能である。なお，同期用バイトとヌルパケット（OFDM信号各フレーム内のパケット数を合わせるために挿入）は誤り訂正のカウント数に含まれていない。

測定可能なBERは，エラーカウントビット数をN_{err}，測定パケット数をP_a，パケットのバイト数をB_pとすれば，式（5.10）で求められる。

$$\mathrm{BER} = \frac{2^{N_{err}} - 1}{P_a B_p \times 8 \text{ bit}} \tag{5.10}$$

このLSIでは，エラーカウントビット数N_{err}は20 bit〔1 048 575通り（＝2^{20}）〕としている。測定パケット数は任意に設定可能である。

本装置では，測定パケット数P_aを37 800個，$B_p=204$とし，$N_{err}=20$としており，これらの値を式（5.10）に代入すれば，測定可能なBERは約1.7×10^{-2}となり，低CNRの場合にも十分対応できるようになっている。

式（5.10）からN_{err}を一定とすれば，パケット数P_aが大きすぎると誤りが多い場合（低CNR時）にBERが頭打ちとなり，逆にP_aが小さすぎると誤りが少ない場合（高CNR時），精度が落ちることがわかる。このLSIではこれらを考慮して，上記の値に設定している。また，計数値と設定したしきい値を比較し，しきい値を超えた時点で誤り警報を出力する機能ももっている。

携帯電話のパケット通信網を使用すれば遠隔地に伝送できるため，状態の監視，トラブルシューティング（コンスタレーションも伝送可能）に有効である。

AC 1復調部の出力信号を図5.44に示す。復調部においてはOFDMセグメント部に多重されたAC 1キャリヤの差動検波を行い，シンボルごとに復調データをキャリヤ周波数の低い順にシリアルに出力している。

AC 1を用いた電波ID信号（受信している電波が本来の電波かどうかの確認用）と電波リモコン制御ビット（中継局の予備系への切替えに使用可能）は，AC 1復調信号からIDデコーダで検出している。

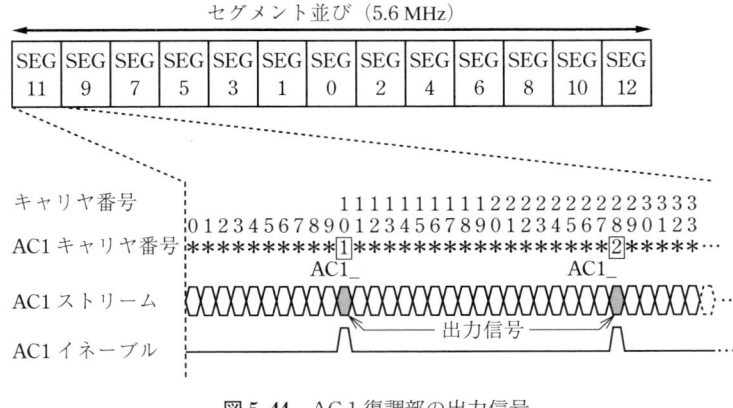

```
                セグメント並び (5.6 MHz)
┌────┬────┬────┬────┬────┬────┬────┬────┬────┬────┬────┬────┬────┐
│SEG │SEG │SEG │SEG │SEG │SEG │SEG │SEG │SEG │SEG │SEG │SEG │SEG │
│ 11 │ 9  │ 7  │ 5  │ 3  │ 1  │ 0  │ 2  │ 4  │ 6  │ 8  │ 10 │ 12 │
└────┴────┴────┴────┴────┴────┴────┴────┴────┴────┴────┴────┴────┘
```

キャリヤ番号　　　　　　　　1111111111222222222233333
　　　　　　　　　0123456789012345678901234567890123
AC1 キャリヤ番号　*********①****************②****…
　　　　　　　　　　　　　AC1_　　　　　　　　　AC1_
AC1 ストリーム　〰〰〰〰〰〰〰〰〰〰〰〰〰〰〰〰〰〰〰〰…
　　　　　　　　　　　　　　←──出力信号──→
AC1 イネーブル　　　　　　　┐┌─────────┐┌──…

図 5.44 AC1 復調部の出力信号

[1] 室内実験結果

(1) LSI の性能　　表 5.2 の LSI 測定用パラメータを用いて CNR に対する BER (誤り率) と測定結果を図 5.45 に示す。TS 復調は，**外部信号発生器** (signal generator, **SG**) で雑音加算した信号 (雑音 SG 付加)，LSI の雑音加算部で雑音加算した信号 (雑音 LSI 付加) の 2 通りについて行っている。

BER 測定は，外部測定器による RS 訂正前のシリアル TS 信号の BER 測定 (外部 BER)，LSI のビット誤り測定機能を用いた BER 測定 (訂正した誤り

表 5.2 LSI 測定用のパラメータ

項　目	摘　要	
入力周波数 (IF 周波数)	57 MHz (等価 $C/N=40$ dB 以上)	
変調 MODE	モード 3	
ガードインターバル比	$\dfrac{1}{8}$	
階　層　数	2	
	B 階層	A 階層
変　調　方　式	64 QAM	QPSK
畳込み符号化率	$\dfrac{3}{4}$	$\dfrac{1}{2}$
時間インタリーブ	250 ms ($I=2$)	250 ms ($I=2$)
ペイロード内容 (187 byte)	23 次 PN	23 次 PN
外符号 RS (204, 188)	付　加	付　加

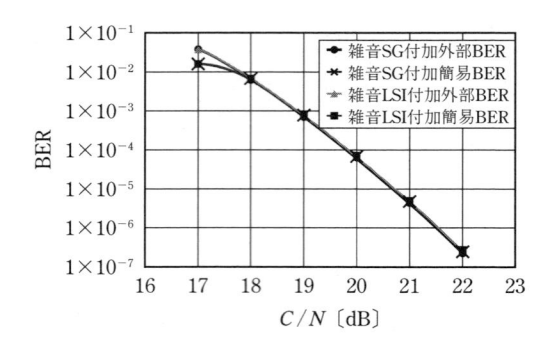

図 5.45 CNR に対する BER の測定結果

数をカウントする方式，ここでは**簡易 BER 測定**と呼ぶ）の 2 通りについて行っている。なお，簡易 BER は，A 階層と B 階層で同時に測定している。

64 QAM において，BER＝$2×10^{-4}$ を得るのに必要な所要 CNR は 19.5 dB である。雑音を外部 SG で付加した場合と LSI で付加した場合について，測定結果はそれぞれ一致したほか，BER 測定値が $7×10^{-3}$ 以下になる CNR の範囲では 4 通りの測定結果がすべて一致している。以上のように CNR の実用範囲において，**PN**（pseudo-noise，**擬似雑音**）信号を用いる BER 測定と同等の性能をもっており，監視装置として十分実用的である。

なお，この試験においては，BER が $7×10^{-3}$ 以上となる低 CNR 領域で，簡易 BER 測定値が外部 BER 測定値と不一致になり，最終的に $1.9×10^{-2}$ となっている。これは，RS 訂正部が 1 TSP（transport stream packet）で 9 byte 目の誤りを検出した時点でビット誤り検出部が誤りビット数を一定とする設計仕様のためである。

（2）　**子機の性能**　　子機の TS 復調性能と電波測定機能について，表 5.2 に示したパラメータの OFDM 波を試作装置に入力し，CNR 対簡易 BER 特性を自動測定した結果を**図 5.46** に示す。図には，LSI の復調性能として IF 信号（57 MHz）直接入力時の測定結果を併記している。IF 信号入力の場合，$2×10^{-4}$ の簡易 BER 値となる所要 CNR は約 19.1 dB である。RF 入力の場合の所要 CNR は 20.1 dB になっている。

なお，同じ IF 入力で LSI 単体時に比較して CNR が向上しているのは，使

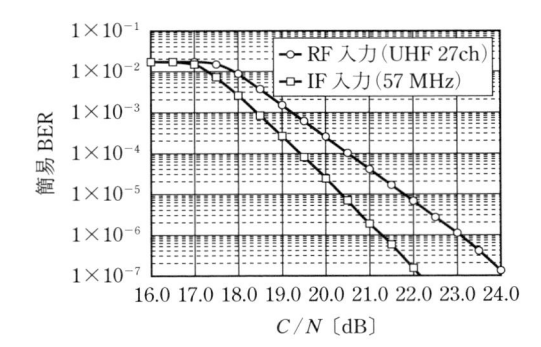

図 5.46　CNR 対簡易 BER 特性の測定結果

用した LSI が別サンプル（SP 補間方法を変更したもの）のためである。

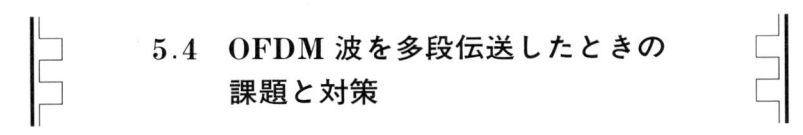

5.4　OFDM 波を多段伝送したときの課題と対策

　ネットワークを低コストで実現するためには，アナログ放送と同様に放送波中継による多段ネットワークの構築が必要である。しかし，これを実現させるためには，多段伝送における CNR 劣化をできるだけ抑えることが求められる。このため，ディジタル中継装置を多段接続したときの CNR 確保について PA のバックオフ量，AGC 時定数の最適化について検討が行われた[48]。

　入力電力の増加に対して出力電力が 1 dB 抑圧されるポイントをバックオフ点とし，この点に対する入力電力すなわちバックオフ量を変化させ，C/IMD（信号電力/IMD）を測定した結果を図 5.47 に示す。各段のバックオフ量が 9 dB 時のときは $20 \log M$（M は段数）で IMD が増加しており，各段で発生した IMD は電圧的に加算される形（相関あり）となった。

　一方，各段のバックオフ量が 12 dB のときの C/IMD は，$15 \log M$ で増加し，劣化量は改善された。さらに，バックオフ量を増やして 17 dB 以上としたときの C/IMD は $10 \log M$（電力加算，無相関の状態）で増加し，大きく改善された。

　以上から，設計時に小電力段のバックオフ量も考慮し，適切なレベルダイヤを設定すれば，多段における IMD による劣化を抑えることが可能である。

(a) 各段バックオフ量 9 dB 時

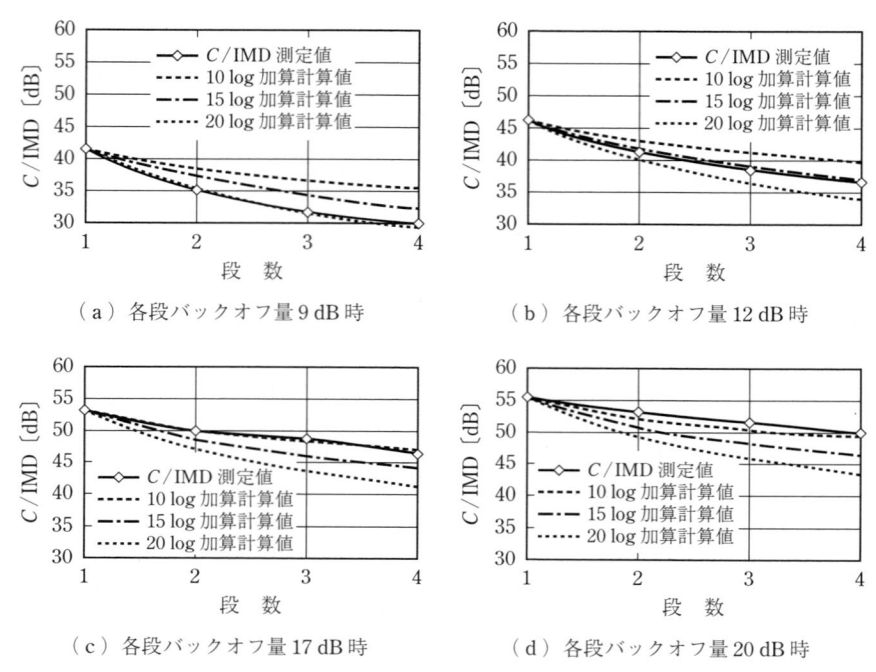

(b) 各段バックオフ量 12 dB 時

(c) 各段バックオフ量 17 dB 時

(d) 各段バックオフ量 20 dB 時

図 5.47 バックオフ量に対する多段時の C/IMD（信号電力/IMD）の測定結果

　また，実際の中継装置においては，受信波のレベル変動を吸収する AGC 機能が必要となるが，この AGC 特性により等価 CNR が劣化するケースが見られたため，AGC の多段伝送に対する影響が調査された。

　図 5.48 に中継装置を 5 段接続した状態で，中継装置 1～5 までの AGC 時定数をそれぞれ 30 ms，500 ms とし，5 段直接接続した場合の 3 段，5 段出力における CNR 対 BER の測定を行った結果を示す。

　段数が増えるほど劣化が大きくなっているが，AGC の時定数を 500 ms と十分大きくしたとき，5 段出力における等価 CNR が AGC オフ時と同じになり，AGC による影響は完全になくなっている。以上から，AGC の時定数はフェージングによる電界変動に追従できる範囲で長くすれば，多段時の劣化を抑えることが可能である。

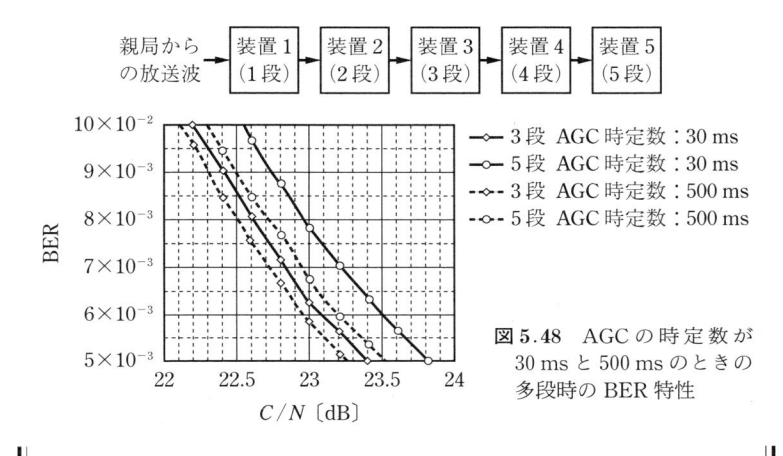

図5.48 AGCの時定数が30 msと500 msのときの多段時のBER特性

5.5　OFDM波の海上移動受信

　地上ディジタルテレビ放送の大きな特長といえる「ワンセグ」サービス（1セグメントを用いた携帯端末向け放送）は2006年4月から29地域の親局で開始された。これに伴い各種受信機も市場に供給されており，地上ディジタル放送の移動体受信は，あらゆる生活シーンで不可欠なサービスになりつつある。

　このような状況のなかで，島嶼部など海上交通による移動が日常的に行われている中国・四国地方の瀬戸内海に面する地域において，移動中の船舶内で地上ディジタル放送，ワンセグサービスが安定して視聴できれば，防災面はもとより情報収集面における利便性は格段に向上するものと期待される。

　そこで，初めての試みとして，瀬戸内海の広島-松山間を航行中の船舶を利用して，海上航行時における安定した電波受信手法を確立するための調査・検討が行われた。その結果，地形によるガードインターバル超えの遠距離反射などによる予想外の受信不能区間があることや，地上受信特有の隣接チャネル妨害，海面反射などによる受信電界強度の大幅なレベル変動などが電波の質を大きく劣化させることなどが明らかとなった。

　このため，これらについて検討・対策を実施し，船体による遮へいや受信電

界強度に応じた受信アンテナの選択・使用等により航路上のほとんどの場所で12セグ受信（ハイビジョン受信）が可能となった（改善前は20％）。

ワンセグ受信に限れば，受信設備の改善，船内での同一チャネル再送信により全区間で受信可能となった（改善前は40％）。その概要を以下に紹介する[49]。

5.5.1 海面反射波による影響

航行中の船舶上で陸上局からの放送電波を受信する場合，海面反射波の影響で受信入力が低下し画質不良が発生することが予想される。このため，海面反射による電界強度変動が画質など受信品質に与える影響が調査された。

ディジタル波（OFDM波）（UHF 14チャネル）とアナログ波（UHF 35チャネル）それぞれの**ハイトパターン**（height pattern）を測定した結果を図5.49に示す。ディジタル波（OFDM波）においては約20 dB，アナログ波では約34 dBの変動があった。OFDM波のほうが変動が少ない理由はマルチキャリヤであるためと考えられる。また，陸上面での反射状況と比較するため，

(a) ディジタル波（OFDM波）ハイトパターン

(b) アナログ波ハイトパターン

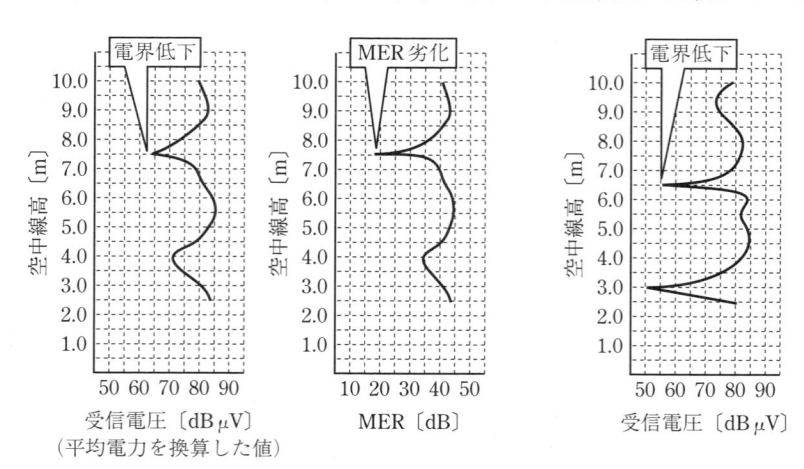

図5.49　反射点が海上の場合のハイトパターンの測定結果

駐車場を反射面にした場合も測定したが，OFDM 波で約 9 dB，アナログ波で約 14 dB と海面反射に比べてはるかに少なく，海上反射の影響は予想どおり大きいことが確認された。

5.5.2 ガードインターバル超えのマルチパスの影響

航路上の調査において，見通しのよい航路中間点付近で電界強度が 60 dBμV/m（標準レベル）を超えているにもかかわらず BER が 2×10^{-4} 以下に劣化し，受信不能になる区間が見受けられた。

この原因は，ガードインターバル超えマルチパス波の到来によるもので，図 5.50 に示すように遅延時間が 135 μs（伝搬距離差，約 40 km）と 170 μs（伝搬距離差，約 51 km）付近に強く現れ，DU 比（希望波レベル/マルチパス波

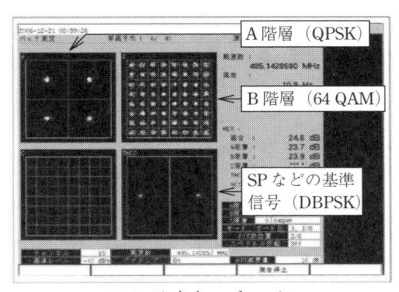

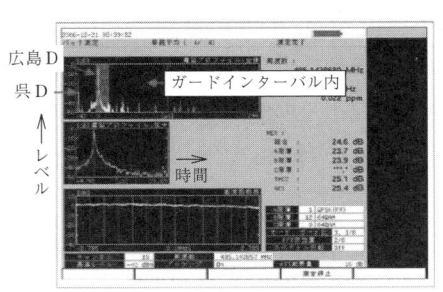

（a） 広島発往路（東側）：受信良好

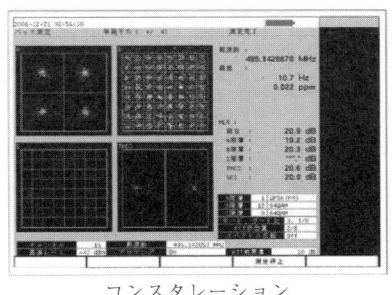

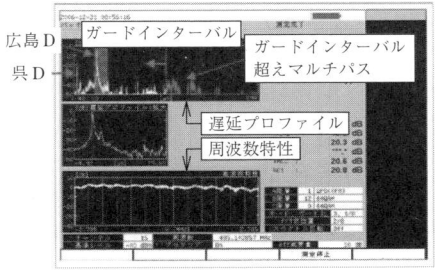

（b） 松山発復路（西側）：受信困難

図 5.50　ガードインターバル超えのマルチパス波の到来による影響

レベル）は呉・松山の中間点付近において約30 dBであった。また，このときのMERは20 dB程度で最悪値は5 dBであった。調査の結果，広島親局の電波が西側山岳で反射し，松山港に近い海上航路ではガードインターバルを超える予想外の妨害波となっていた。なお，DU比が30 dB程度しか確保されていない理由としては，航路が広島市内と反対側（松山側）にあり，世帯がなくかつ隣接チャネルの関係で広島親局の電界が低いことも関係していると考えられる。

対策として，妨害波到来方向（西側）を遮へいするため，受信アンテナを船の右舷と左舷にそれぞれ設置し，松山への往路は左舷（地理的に東側）のアンテナ，復路は右舷のアンテナ（同じく地理的に東側）を切り替えて広島親局を受信するようにした。この船体構造を利用した遮断により，DU比は35 dB，MERは約25 dBに改善され，十分受信が可能となった。

移動船舶の場合は，放送エリアの枠組みを越えて移動するため，このような通常の陸上での受信では考えられない高レベルのガードインターバル超えマルチパス波の到来も十分考えられるため，注意が必要である。

5.5.3　客室内における複数波再送信による干渉

船内においてどこでも携帯端末受信が可能となるよう客室に再送信機2台を配置し，6波〔1波（28 ch）のみOFDM波〕を同一チャネル，同出力（1 mW/ch）で電波発射した場合に生じる干渉の影響について調査を行った。2台の送信機の距離は9.4 mであるため，中間の4.7 m近辺のポイントに垂直ダイポールアンテナを1.5 mの高さにセットし，前後左右に移動させたところ，図5.51のように周波数特性に局部的なディップが生じ，MERが31.1 dBに劣化（約13 dBの劣化）した。しかし，この現象はきわめて微小な範囲で発生しており，数センチ前後左右に動かすとディップはなくなり〔(b)〕MERも44.5 dBに回復した。

従って，通常のモバイル視聴状態においては，携帯端末をわずかに移動させるだけで視聴可能となるため，複数再送信が品質に与える影響は問題がないこ

5.5 OFDM 波の海上移動受信

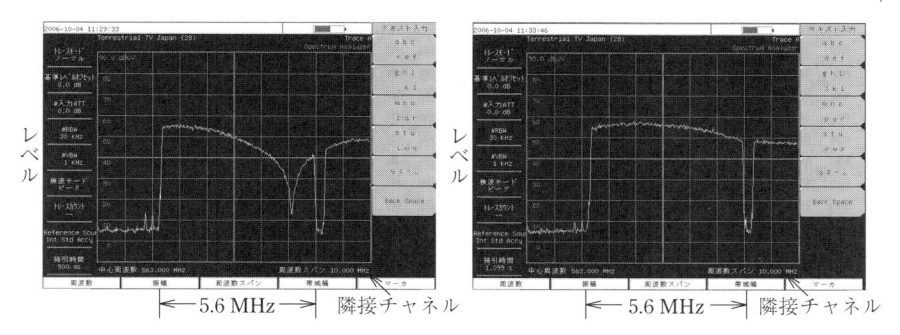

(a) 局部的なディップの発生（電界強度 = 99.2 dBμV/m, MER = 31.1 dB）

(b) ディップなし（電界強度 = 102.4 dBμV/m, MER = 44.5 dB）

図 5.51　2 台の再送信機からの電波による干渉の影響

とを確認できた．なお，このように電波が受信できないすきまのエリアを同じ番組内容と同じチャネルで電波を出し救済する方式は**ギャップフィラー**（gap filler）と呼ばれ，同じ閉所空間である地下街やトンネル内においても同様なシステムの導入が考えられている．

5.5.4　再送信波の受信アンテナへの回り込みによる発振寸前の現象

再送信時の受信アンテナへの回り込みを抑制するための必要なマージンについて調査を行ったところ，**図 5.52** に示すように受信電界強度の低下などによ

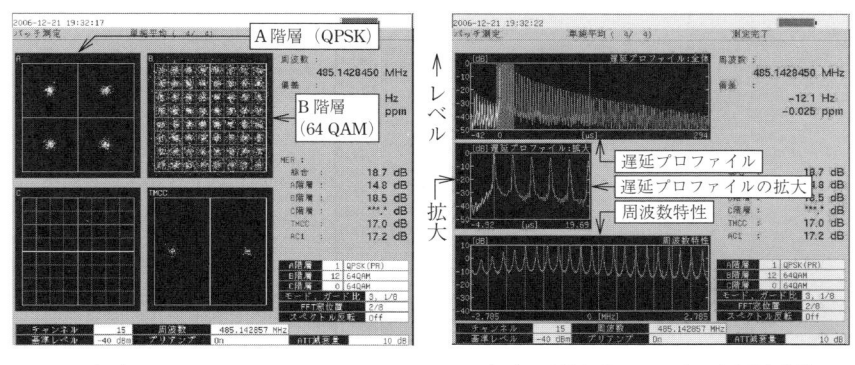

(a) コンスタレーション

(b) 遅延プロファイルと周波特性

図 5.52　回り込みによる発振寸前の状況

り，DU 比が 20 dB 程度となると回り込みによる発振寸前の状況が生じた。このため，DU 比を変化させて実験を行った結果，受信電界強度が最小時（60 dBμV/m）においても，DU 比を 30 dB 以上確保すれば発振を防止できることが判明した。

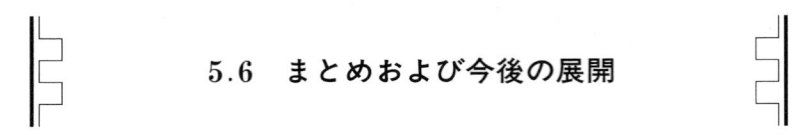

5.6　まとめおよび今後の展開

　紹介した新技術のうち，SFN ネットワーク実現のための技術，電波監視技術については，すでに導入・実用化されている。このほかに中継局の隣接チャネル妨害波除去用超電導フィルタ[50]やサービスネットワークをできるだけ早く全国津々浦々に広げるため，親局で受信したディジタル波を長距離光ファイバを利用して山間地区に伝送し，再送信するシステムの開発も進められている[51]。2011 年までの全国サービスネットワーク完成に向けて，これらの新技術が有効に利用されることを期待したい。

引用・参考文献

1) 斉藤知弘：デジタル伝送技術1，NHKデジタル・マルチメディア研修（1998）
2) 都竹愛一郎：入門デジタル放送技術，TRICEPS（1997）
3) 黒田　徹：第25回ディジタル変復調技術，pp.98〜102，放送技術（1992.11）
4) 山内雪路：ディジタル移動通信方式，東京電機大学出版局（1993）
5) 斉藤洋一：デジタル無線通信の変復調，電子情報通信学会（2002）
6) 塩見　正，羽鳥光俊：ディジタル放送，オーム社（1998）
7) 喜安善一，関　清三：ディジタル変復調回路の基礎，オーム社（1993）
8) ARIB STD-B 31，地上デジタルテレビジョン放送の伝送方式標準規格
9) 西沢台次，田崎三郎 監修：デジタル放送，オーム社（1996）
10) 貝嶋　誠：地上デジタル放送の多重化・変調技術―特徴と概要―，東芝セミナー（1999.11）
11) 高田　豊，浅見　聡：デジタルテレビ入門，米田出版（2001）
12) 滑川敏彦，奥井重彦：通信方式，森北出版（1990）
13) 伊丹　誠：わかりやすいOFDM技術，オーム社（2006）
14) 三木信之：地上デジタルテレビジョンの伝送特性，連載第4回，pp.203〜210，放送技術（2001.6）
15) 三木信之：地上デジタルテレビジョンの伝送特性，連載第3回，pp.173〜179，放送技術（2001.5）
16) 三木信之：地上デジタルテレビジョンの伝送特性，連載第5回，pp.144〜151，放送技術（2001.7）
17) 岡田　実：特集 デジタル放送の新展開 デジタル放送の高速移動受信，映像情報メディア学会誌，Vol.60，No.5，pp.682〜685（2006.5）
18) 高田政幸，土田健一，中原俊二，黒田　徹：地上ディジタル放送におけるOFDMシンボル長とスキャタードパイロットによる伝送特性，映像情報メディア学会誌論文，Vol.52，No.11，pp.1658〜1665（1998.11）
19) 三木信之：地上デジタルテレビジョンの伝送特性，連載第2回，pp.181〜188，放送技術（2001.4）

20) 中原俊二ほか：いよいよ地上デジタル放送だ，映像情報メディア学会誌，Vol.**56**，No.2，pp.152〜164（2002.2）
21) 榎並和雅：特集 デジタル放送サービスと受信機，映像情報メディア学会誌，Vol.**58**，No.5，pp.604〜607（2004.5）
22) 高田政幸：特集 地上デジタル放送のワンセグサービス，映像情報メディア学会誌，Vol.**60**，No.2，pp.120〜124（2006.2）
23) 北海道地上デジタル放送実験協議会，広島地区デジタル放送実験協議会，福岡地区デジタル放送実験協議会：デジタル放送用語集（2002.6）
24) 特集 地上デジタル放送実現への道，pp.923〜935，放送技術（2007.9）
25) 佐多正博：特集 地上デジタル放送のワンセグサービス，映像情報メディア学会誌，Vol.**60**，No.2，pp.134〜137（2006.2）
26) 三木信之：地上デジタルテレビジョンの伝送特性，連載第6回，pp.155〜160，放送技術（2001.8）
27) 三木信之：地上デジタルテレビジョンの伝送特性，連載第9回，pp.182〜186，放送技術（2001.11）
28) 林 健一郎，木村智裕，木曽田 晃，曽我 茂，影山定司，木下誠司：OFDM受信要素技術の開発，映像情報メディア学会技報，Vol.**23**，No.28，pp.25〜30（1999.3）
29) 木村知弘，林 健一郎，影山定司，原田泰男，木曽田 晃，林野裕司：OFDM復調における周波数同期の検討，テレビジョン学会技報，Vol.**20**，No.53，pp.61〜66（1996.10）
30) 板原 弘：ISDBT-OFDM変調信号のキャリヤ周波数誤差測定に関して，アンリツレポート No.1（2000）
31) 三木信之：地上デジタルテレビジョンの伝送特性，連載第8回，pp.175〜180，放送技術（2001.10）
32) 三木信之：地上デジタルテレビジョンの伝送特性，連載第7回，pp.181〜187，放送技術（2001.9）
33) 生岩量久：小特集 空中線設備と廻り込みキャンセラ，映像情報メディア学会誌，Vol.**56**，No.2，pp.162〜164（2002.2）
34) 今村浩一郎，濱住啓之，渋谷一彦，佐々木 誠：地上デジタル放送SFNにおける放送波中継用回り込みキャンセラの基礎検討，映像情報メディア学会誌論文，Vol.**54**，No.11．pp.1568〜1575（2000.11）
35) 竹内知明，今村浩一郎，濱住啓之，渋谷一彦：SFN放送波中継局用干渉キャンセラの検討，信学技報，pp.1〜6，EMCJ 2004-147（2005.3）

36) 生岩量久，中　尚，鳥羽良和，戸叶祐一，佐藤由郎：導波路型光変調器を用いたテレビ電波受信システム，信学会論文，Vol.**J79-C-1**，No.7，pp.249〜255（1996.7）
37) M. Kondo, Y. Toba, Y. Tokano, K. Hayeiwa and H. Fujio：Radio Signal Detection System using Electrooptic Modulator, Microwave Photonics, Kyoto, Japan, Vol.**3**, No.5, pp.169〜172, Dec.3-5（1996.12）
38) 生岩量久，山下隆之，鳥羽良和，鳥畑成典，谷沢　亨，尾崎泰己：地上ディジタルテレビ波伝送用光伝送システムの高感度化の検討，信学会論文，Vol.**J85-C**，No.12，pp.1184〜1191（2002.12）
39) 鳥羽良和，鬼沢正俊，鳥畑成典，生岩量久，山下隆之，尾崎泰己：AGC及び半導体レーザの導入による光変調器を用いた電波受信システムの広ダイナミックレンジ化と低コスト化の検討，信学会論文，Vol.**J88-C**，No.2，pp.99〜106（2005.2）
40) 来山和彦，生岩量久，川那義則，森井　豊：SFN環境下における長距離遅延プロファイル測定装置の開発，映像情報メディア学会論文，Vol.**61**，No.7，pp.990〜996（2007）
41) 金森香子，阿部　徹，生岩量久，土屋　聡，守田　洋，佐々木孝義，宮竹由友：ディジタルプリディストーション方式MCPAの開発，映像情報メディア学会誌論文，Vol.**59**，No.5，pp.747〜754（2005.5）
42) 土屋悦男，九鬼孝夫，居石利昇，赤田邦雄，渋谷一彦：GaN-HEMTを用いた地上デジタルテレビ放送用電力増幅器の試作，2006年信学会ソサイエティ大会，C-2-9（2006）
43) 阿部　徹，生岩量久，村崎　出，吉田哲雄，富樫純一：温度補償付きプリデストーション方式SHF帯高能率OFDM電力増幅器の開発，映像情報メディア学会誌論文，Vol.**57**，No.12，pp.1764〜1769（2003.12）
44) 竹内安弘，生岩量久，根岸俊裕，初鹿勝也，後藤剛秀：地上デジタルテレビジョン監視装置の開発，映像情報メディア学会誌研究速報，Vol.**55**，No.12，pp.1661〜1664（2001.12）
45) 後藤剛秀：地上デジタル放送の障害解析，信学会ソサイエティ大会，AT-2-6，SS 19-20（2006.9）
46) 生岩量久，岩橋伴典，根岸俊裕，初鹿勝也，前川直志，三崎祐司，尾崎泰己：地上ディジタル放送保守・管理用フィールドアナライザの開発，信学技報，Vol.**105**，No.376，R 2005〜37，pp.39〜44（2005.10）
47) 阿部　徹，生岩量久，金森香子，根岸俊裕，土田健一，立元祥浩，大鷹伸章，

玉村雅也，大和田秀夫：地上ディジタル TV 放送波監視用 LSI の開発と性能評価，信学会ショートノート，Vol.**J88-C**，No.11，pp.1〜5（2005.12）

48) 竹内安弘，生岩量久，秋山一浩：地上ディジタルテレビジョン中継装置の多段伝送時における C/N 改善の検討，映像情報メディア学会誌研究速報，Vol.**55**，no.7，pp.1049〜1052（2001）

49) 生岩量久：地上ディジタル放送の円滑な海上移動受信のための調査検討，平成18年度中国総合通信局 調査検討会合同報告会（2007.3）

50) 金森香子，中北久雄，橋本龍典，福家浩之，加屋野博幸：地上デジタル放送中継局への超電導フィルタの応用，映像情報メディア学会冬季大会，2-9（2003）

51) 中村雅弘，生岩量久，鳥羽良和，鬼澤正俊：地上ディジタル放送波の長距離光伝送実現のための一検討，信学会ショートノート，Vol.**J88-C**，No.9，pp.758〜761（2005）

演習問題解答

1 章

- 【1】 $1/1\ \mu s = 1\ \mathrm{MHz}$。
- 【2】 $1/(2\times 1\ \mu s) = 500\ \mathrm{kHz}$。
- 【3】 $(8\ \mathrm{Mbps}/2)\times(1+0.2) = 4.8\ \mathrm{MHz}$。
- 【4】 10^8 bit 伝送後,初めて誤り率が生じるため,$5\times 10^6\ \mathrm{bps}\times t = 1\times 10^8$ bit が成り立ち,$t=20\ \mathrm{s}$ となる。

2 章

- 【1】 搬送波の両側に側波帯が広がるため,10 MHz。
- 【2】 16 QAM は 1 シンボルで 4 bit 伝送できるため,$20\ \mathrm{Mbps}\times(1+0.4)/4 = 7\ \mathrm{MHz}$。
- 【3】 64 QAM は 1 シンボルで 6 bit 伝送できるため,$(30\ \mathrm{Mbps}/6)\times(1+0.2) = 6\ \mathrm{MHz}$。
- 【4】 $1\,024 = 2^{10}$ であるから,10 bit。
- 【5】 16 QAM と同じ信号点間距離を得るための 64 QAM の搬送波振幅比は 7/3。dB で表せば,$20\log 7/3 = 20\log 2.33 = 7.4\ \mathrm{dB}$。
- 【6】 2.5 倍($=5/2$)

3 章

- 【1】 遅延時間を τ_d,リップル周波数を Δf_R とすれば,$\tau_d = 1/\Delta f_R$ が成り立つことから,$\tau_d = 1/0.5\ \mathrm{MHz} = 2\ \mu\mathrm{s}$。伝搬距離差は,$\tau_d \times$光速$(3\times 10^8\ \mathrm{m/s})$ であるから,600 m となる。
- 【2】 伝搬距離差を d とすれば,$d = $ 光速 $\times$ ガードインターバル長であるから,$d = 3\times 10^8\ \mathrm{m/s} \times 252\ \mu\mathrm{s} = 75.6\ \mathrm{km}$。
- 【3】 合成波〔$s(t)$〕は
$$s(t) = \sin(2\pi ft) + r\sin\{2\pi f(t+\tau_d)\}$$

$$= 1 + r\cos(2\pi f\tau_d)\sin(2\pi ft) + r\sin(2\pi f\tau_d)\cos(2\pi ft)$$
$$= \sqrt{1 + r^2 + 2r\cos(2\pi f\tau_d)}\sin(2\pi ft + \phi)$$

以上から

最大レベル/最小レベル $= \sqrt{1+r^2+2r}/\sqrt{1+r^2-2r}$

上式に $r = 0.5$ を代入すれば，3 となる。

【4】 $1/(2\Delta f_D)$ の周期で変動するため，$\Delta f_D = 66$ Hz を代入すれば 7.6 ms（1/132 Hz）となる。

【5】 OFDM 波全体の平均電力を C_{av}，SP の電力を C_{sp}，データシンボルの電力を C_D とすれば，式（3.26）から式（1）が成り立つ。

$$C_{av} = \{C_{sp} + (12-1)C_D\}/12 \qquad (1)$$

また，$C_{sp} = (4/3)^2 C_D$ であるから，これを式（1）に代入すれば

$$C_{av} = \{(16/9 + 11)C_D\}/12 \qquad (2)$$

となる。変形すれば

$$C_D/C_{av} = 12/(16/9 + 11) = 12/12.77 \fallingdotseq 0.94$$

4 章

【1】 フレームの総ビット数は

総ビット数 $= 207$ 万 $\times 8$ bit $\times 2 = 3\,312$ 万 bit

となる。圧縮率は 1/80 なので，伝送ビット数は 41.4 万 bit となる。1 個の TS パケット（TSP）で伝送できるビット数は 1 472 bit であるため，必要なパケット数は，41.4 万 bit/1 472 bit $\fallingdotseq 281$ 個。

【2】 $20\log(x/1\,\mu\text{V}) = 80$ dBμV であるから，$x = 10^4\,\mu$V，すなわち，$x = 10$ mV。

【3】 $10\log(100\,\text{mW}/1\,\text{mW}) = 20$ dBm。

【4】 セグメント数を N_s，1 セグメントのキャリヤ数を M_s，1 シンボルで伝送できるビット数を B_s，シンボル長を T とすれば最大ビットレート R_{max} は

$$R_{max} = N_s M_s B_s / T = (12 \times 432 \times 6\,\text{bit})/1.008\,\text{ms} = 30.86\,\text{Mbps}$$

【5】 OFDM 波の C（信号電力）は -10 dB 下がり，雑音 N は帯域幅分だけ増える（5.6 MHz/4 MHz $\fallingdotseq 1.5$ dB）ので，$C/N = 26.5$ dB。

【6】 ビットレート R は，1 フレーム長を T_f，利用セグメント数を N_s，周波数方向で利用できるキャリヤ数を N_c，1 キャリヤ当り伝送できるビット数を B_s，1 フレーム内の時間方向のシンボル数を S とすれば

$$R = N_s N_c B_s S / T_f$$

$N_s = 1$，$N_c = 8$，$B_s = 1$ bit，$S = 204$，$T_f = 231$ ms であるから，代入すれば

$$R = (1 \times 8 \times 1\,\text{bit} \times 204)/231\,\text{ms} \fallingdotseq 7\,\text{kbps}$$

【7】 出力信号を $s_0(t)$ とすれば，次式が成り立つ。
$$s_i(t) + s_0(t) \times r \sin\{2\pi f(t+\tau_d)\} = s_0(t)$$
$s_0(t)$ を求めると
$$s_0(t) = s_i(t)/[1 - r\sin\{2\pi f(t+\tau_d)\}]$$
$$= s_i(t)/[1 - r\{\sin 2\pi ft \cos(2\pi f\tau_d) + \cos 2\pi ft \sin(2\pi \tau_d)\}]$$
$s_0(t)$ のレベル（絶対値）は
$$|s_0(t)| = \sqrt{1/[\{1 - r\cos(2\pi f\tau_d)\}^2 + \sin^2(2\pi f\tau_d)]}$$
$$= 1/\sqrt{1 + r^2 - 2r\cos(2\pi f\tau_d)}$$
最大値は，$1/\sqrt{1+r^2-2r}$ となり，$r=0.6$ を代入すれば 2.5 となる。

索　引

【あ】
アイパターン　　　　　　　　19
誤り訂正　　　　　　　　　　58

【い】
生き残りパス　　　　　　　　62
異シンボル　　　　　　　　　80
位相シフトキーイング　　　　13
位相変調　　　　　　　　　　12
色信号　　　　　　　　　　104
インターリーブ　　　　　　　93
インパルス　　　　　　　　　9
インパルス応答　　　　　　　9

【う】
ウィンドウ処理　　　　　　　81
動きベクトル　　　　　　　105
動き補償　　　　　　　　　105

【え】
衛星ディジタル放送　　　　107
映像搬送波　　　　　　　　112
エンコーダ　　　　　　　　117

【お】
オフセット QPSK　　　　　　51
親　局　　　　　　　　　　124
音声搬送波　　　　　　　　112

【か】
回線設計　　　　　　　　　140
階層化伝送方式　　　　　　112
外符号　　　　　　　　　　114
外部信号発生器　　　　　　175

外来雑音電力　　　　　　　141
ガウス雑音　　　　　　　　　6
ガウス分布　　　　　　　　　6
確率密度関数　　　　　　　　7
崖効果　　　　　　　　　　143
画　素　　　　　　　　　　103
ガードインターバル　　　　　82
ガードバンド　　　　　　　　69
可変長符号化　　　　　　　105
加法性ガウス雑音　　　　　　7
簡易 BER 測定　　　　　　176
干渉マージン　　　　　　　141

【き】
ギガビット/秒　　　　　　　104
擬似雑音　　　　　　　96,176
基準信号　　　　　　　　　　33
輝度信号　　　　　　　　　103
逆離散フーリエ変換　　　　　75
ギャップフィラー　　　　　183
キャリヤ　　　　　　　　　　12
キャリヤ間干渉　　　　　　131
狭帯域フィルタ　　　　　　　34
局部発振器　　　　　　　　　72

【く】
クリフエフェクト　　　143,164
グレイコード　　　　　　　　22

【こ】
格　子　　　　　　　　　　　61
高速逆フーリエ変換　　　　　66
拘束長　　　　　　　　　　　60
高速フーリエ変換　　　　　　66
誤差原因　　　　　　　　　153

誤差対策　　　　　　　　　154
誤差補関数　　　　　　　　　8
コスタス法　　　　　　　　　35
混信保護比　　　　　　　　138
コンスタレーション　　　　　15

【さ】
サイドローブ　　　　　　　　19
サイマル放送　　　　　　　145
最ゆう復号法　　　　　　　　60
雑音指数　　　　　　　　　　45
差動位相検波　　　　　　　　37
差動位相シフトキーイング
　　　　　　　　　　　　　　38
差動検波方式　　　　　　　　33
差動符号化　　　　　　　　　38
サンプリング周波数　　　　　79
残留側波帯　　　　　　　　　47

【し】
時間インターリーブ　　　　　93
時間率補正　　　　　　　　143
時間領域　　　　　　　　　　70
自然 2 進数　　　　　　　　23
実効長　　　　　　　　　　143
ジッタ　　　　　　　　　　　10
時定数　　　　　　　　　　151
自動周波数補正　　　　　　　90
時分割多重　　　　　　　　　69
シャノンの限界　　　　　　　45
遮へい　　　　　　　　　　147
周波数インターリーブ　　　　93
周波数シフトキーイング　　　13
周波数選択性フェージング
　　　　　　　　　　　　　　84

周波数逓倍法	34	整合回路	148	直交軸	15
周波数の許容偏差	135	整合フィルタ	10	直交周波数分割多重	65
周波数分割多重	69	セグメント	112	直交振幅変調	13
周波数変換	78	前後比	137	直交復調	72
周波数変調	12	全受信機雑音電力	142	直交変調	72
周波数領域	71				
周波数利用効率	14,141	【そ】		【て】	
受信機最小入力終端電圧		相　関	80	ディジタル音声放送	66
	142	相互変調積	110	ディジタルテレビ放送	66
受信機雑音指数	141	相互変調ひずみ	99	逓倍回路	34
受信機雑音電力	141	装置化マージン	141	定包絡変調方式	64
受信機所要 CNR	141	組織符号	62	デスクランブル	2
瞬時周波数	19			電気光学効果	149
乗算器	15	【た】		伝送速度	11,123
冗長符号	58	帯域圧縮	104	伝送多重制御信号	115
情報源符号化	117	帯域圧縮技術	103	伝送路符号化	117
所要 CNR	141	帯域制限	5	伝送モード	112
所要帯域幅	16	帯域幅	3	伝送容量	45
所要電界強度	140,143	ダイポールアンテナ	12	電波法	135
シングルモードファイバ		多重化部	117	電力効率	160
	149	多数キャリヤ	163	電力増幅器	98
信号対雑音比	10	多相 PSK	30		
信号点	15	畳込み符号	58	【と】	
信号点間直線距離	30	畳込み符号化回路	60	同一チャネル	138
振幅位相シフトキーイング		多値 ASK	15	等価 CNR	85
	13	多値 PAM	15	同期検波方式	33
振幅シフトキーイング	13	多値 QAM	26	同軸ケーブル	147
振幅変調	12	多値 VSB 変復調器	48	同時放送	145
振幅リップル	87	多値パルス振幅変調	15	同相軸	15
シンボル	17	多チャネル番組	109	ドップラー効果	
シンボルエラーレート	5	単一周波数ネットワーク			37,68,113
シンボル間干渉	4,84		90,106	ドップラーシフト	89
シンボル長	17	弾性表面波	48	トランスバーサルフィルタ	
シンボルレート	10				146
		【ち】		トレリス	61
【す】		遅延検波	37	トレリス符号化変調	63
数値制御発振器	130	遅延プロファイル	152		
スクランブル	2	地上ディジタルテレビ放送		【な】	
スプリアス放射	51		102	ナイキスト間隔	9
スペクトル	2	チャープ信号	96	ナイキスト帯域	9
		中央処理装置	170	ナイキストの基準	8
【せ】		中間周波数	78	内符号	114
正規分布	6	直並列変換	22		

【ぬ】

ヌルシンボル	96
ヌル点	4

【ね】

熱雑音	6

【は】

ハイトパターン	180
ハイパスフィルタ	16
白色ガウス雑音	6, 45
場所率補正	143
バースト誤り	58
バースト信号	34
バックオフ	111
ハフマン符号	105
ハミング距離	51
ハミング符号	59
パルス振幅変調	47
パンクチャド符号	62
搬送周波数	12
搬送波	12
搬送波再生回路	34
搬送波電力対雑音電力比	20
半値幅	137
バンドパスフィルタ	32

【ひ】

光強度変調	147
光検出器	148
光導波路の屈折率	149
光ファイバ	147
ビタビ復号	60
ビット誤り率	5
ビットストリーム	2
ビットレート	11
非同期検波方式	33

【ふ】

フィードフォワード	157
符号化率	59
符号化利得	58
符号間干渉	4
符号間距離	61
符号器	117
符号語	59
符号分割多重	69
プッシュプル	161
プリディストータ	158, 162
ブロック符号	58
分散	7
分散パイロット	88
分布帰還形半導体レーザ	149

【へ】

ペイロード	119
ベースバンド信号	3
ヘッダ	119
変換増幅器	147
変調誤差比	165
変調指数	54
変調周波数	16

【ほ】

放送波中継	125
包絡波検波	33
補間	89
ボルツマン定数	141
ボーレート	10

【ま】

マッピング	74
窓関数	81
マルチキャリヤ	65
マルチパスフェージング	65
マルチパスマージン	141

【め】

回り込み	145
メインローブ	19
メガビット/秒	11

【ゆ】

有効シンボル	82
ユークリッド距離	30

【り】

リグロース	32
離散コサイン変換	105
リップル	85
利得可変機能	150
リードソロモン符号	58
両側帯波	47
両側波帯振幅変調	33
量子化	104
リング変調回路	17
隣接チャネル	139

【れ】

連接符号	134

【ろ】

ローパスフィルタ	8
ロールオフフィルタ	9
ロールオフ率	9

【数字・他】

$\pi/4$ シフト QPSK	14
2相位相シフト変調	17
8 PSK	23
8 VSB	48, 108
16 PSK	23
16 QAM	27
32 QAM	27
64 QAM	27
256 QAM	27

索引

【A】

AAC	105
AB 級	161
AC 信号	115
AFC	90
ALC	163
AM	12
APSK	13, 25
ARQ 方式	58
ASK	13
ATSC	107
AVC	104
AWGN	7

【B】

BCH 符号	59
BER	5
BPF	32
bps	11
BPSK	16
BS	25, 107

【C】

CATV	30
CDM	69
CNR	20
CPE	131
CPU	170
CP 信号	115, 136
CW	136
C 級増幅器	14

【D】

DAB	66
DCT	105
DFB-LD	149
DPSK	38
DSB 波	47
DU 比	86
DVB	66

【E】

E_b/N_0	44

【F】

FDM	69
FEC 方式	58
FFT	66
FM	12
FSK	13, 53

【G】

GaAsFET	162
GaN-HEMT	161
Gbps	104
GI	82
GMSK	14, 56

【H】

HDTV	103
HDTV 画像	103
HPF	16

【I】

IC	1
ICI	131
IDFT	75
IF	78
IFFT	66
IMD	99
ISDB-T	107
ISI	4
ITU	137
I 軸	15

【L】

LAN	65
LiNbO$_3$ 光変調器	147
LPF	8
LSI	66

【M】

Mbps	11
MC	105
MCPA	157
MDCT	105
MER	165
MFN	106
MPEG	104
MPEG-2	104
MPEG-4	104
M-QAM	26
MSK	13, 53

【N】

NCO	130
NF	45
NRZ	3

【O】

OFDM	14
OFDM 変調技術	103, 105
OOK	15
OQPSK	51

【P】

PA	98
PAM	47, 71
PD	162
pixel	103
PLL	34
PM	12
PN	96, 176
PSK	13
P-S 変換	71

【Q】

QAM	13
QPSK	20
Q 軸	15

【R】

RF	122
RIN	148
RS 符号	58
RZ	3

【S】					
		SP信号	88, 115, 137	TTL	162
		S-P変換	22, 70	【U】	
SAW	48	SSB	47		
SDTV	103	STL	162	UHF	78, 102
SER	5	【T】		【V】	
sinc関数	9				
SFN	90, 106	TDM	69	VCO	34, 53, 129
SG	175	TFM	56	VHF	102
SMF	149	TMCC信号	115	VLC	105
SNR	10	TS信号	111	VSB	14, 47

―― 著者略歴 ――

1970年 徳島大学工学部電気工学科卒業
1970年 日本放送協会（NHK）勤務
1988年 工学博士（東京大学）
2004年 広島市立大学教授
　　　　現在に至る
技術局において送信装置の設計・開発および地上ディジタル放送ネットワーク関連の研究に従事。東京都発明研究功労賞，映像情報メディア学会 開発賞・進歩賞などを受賞。電子情報通信学会フェロー。

ディジタル通信・放送の変復調技術
Digital Modulation Techniques for Communications and Broadcasting
Ⓒ Kazuhisa Haeiwa 2008

2008年4月10日　初版第1刷発行　　　　　　　　　　★
2009年1月5日　初版第2刷発行

検印省略	著　者	生　岩　量　久
	発行者	株式会社　コロナ社
		代表者　牛来辰巳
	印刷所	萩原印刷株式会社

112-0011　東京都文京区千石 4-46-10
発行所　株式会社　コロナ社
CORONA PUBLISHING CO., LTD.
Tokyo　Japan
振替 00140-8-14844・電話(03)3941-3131(代)
ホームページ http://www.coronasha.co.jp

ISBN 978-4-339-00796-1　　（中原）　　（製本：愛千製本所）
Printed in Japan

無断複写・転載を禁ずる
落丁・乱丁本はお取替えいたします

電子情報通信レクチャーシリーズ

■(社)電子情報通信学会編　(各巻B5判)
白ヌキ数字は配本順を表します。

№	記号	書名	著者	頁	定価
⑭	A-2	電子情報通信技術史 —おもに日本を中心としたマイルストーン—	「技術と歴史」研究会編	276	4935円
⑥	A-5	情報リテラシーとプレゼンテーション	青木 由直著	216	3570円
⑲	A-7	情報通信ネットワーク	水澤 純一著	192	3150円
⑨	B-6	オートマトン・言語と計算理論	岩間 一雄著	186	3150円
❶	B-10	電磁気学	後藤 尚久著	186	3045円
⑳	B-11	基礎電子物性工学 —量子力学の基本と応用—	阿部 正紀著	154	2835円
❹	B-12	波動解析基礎	小柴 正則著	162	2730円
❷	B-13	電磁気計測	岩﨑 俊著	182	3045円
⑬	C-1	情報・符号・暗号の理論	今井 秀樹著	220	3675円
㉑	C-4	数理計画法	山下・福島共著	192	3150円
⑰	C-6	インターネット工学	後藤・外山共著	162	2940円
❸	C-7	画像・メディア工学	吹抜 敬彦著	182	3045円
⑪	C-9	コンピュータアーキテクチャ	坂井 修一著	158	2835円
❽	C-15	光・電磁波工学	鹿子嶋 憲一著	200	3465円
㉒	D-3	非線形理論	香田 徹著		近刊
㉓	D-5	モバイルコミュニケーション	中川・大槻共著		近刊
⑫	D-8	現代暗号の基礎数理	黒澤・尾形共著	198	3255円
⑱	D-11	結像光学の基礎	本田 捷夫著	174	3150円
❺	D-14	並列分散処理	谷口 秀夫著	148	2415円
⑯	D-17	VLSI工学 —基礎・設計編—	岩田 穆著	182	3255円
⑩	D-18	超高速エレクトロニクス	中村・三島共著	158	2730円
㉔	D-23	バイオ情報学	小長谷 明彦著		近刊
❼	D-24	脳工学	武田 常広著	240	3990円
⑮	D-27	VLSI工学 —製造プロセス編—	角南 英夫著	204	3465円

以下続刊

共通
- A-1 電子情報通信と産業　西村 吉雄著
- A-3 情報社会と倫理　辻島・重男著
- A-4 メディアと人間　原島・北川共著
- A-6 コンピュータと情報処理　村岡 洋一著
- A-8 マイクロエレクトロニクス　亀山 充隆著
- A-9 電子物性とデバイス　益 一哉著

基礎
- B-1 電気電子基礎数学　大石 進一著
- B-2 基礎電気回路　篠田 庄司著
- B-3 信号とシステム　荒川 薫著
- B-4 確率過程と信号処理　酒井 英昭著
- B-5 論理回路　安浦 寛人著
- B-7 コンピュータプログラミング　富樫 敦著
- B-8 データ構造とアルゴリズム　今井 浩著
- B-9 ネットワーク工学　仙石・田村共著

基盤
- C-2 ディジタル信号処理　西原 明法著
- C-3 電子回路　関根 慶太郎著
- C-5 通信システム工学　三木 哲也著
- C-8 音声・言語処理　広瀬 啓吉著
- C-10 オペレーティングシステム　徳田 英幸著
- C-11 ソフトウェア基礎　外山 芳人著
- C-12 データベース　田中 克己著
- C-13 集積回路設計　浅田 邦博著
- C-14 電子物性工学　和保 孝夫著
- C-16 電子物性工学　奥村 次徳著

展開
- D-1 量子情報工学　山崎 浩一著
- D-2 複雑性科学　松本 隆編著
- D-4 ソフトコンピューティング　山川・堀尾共著
- D-7 モバイルコンピューティング　中島 達夫著
- D-9 データ圧縮　谷本 正幸著
- D-10 ソフトウェアエージェント　西田 豊明著
- D-12 ヒューマンインタフェース　西田・加藤共著
- D-13 コンピュータグラフィックス　山本 強著
- D-15 自然言語処理　松本 裕治著
- D-16 電波システム工学　唐沢 好男著
- D-19 電磁環境工学　徳田 正満著
- D-20 量子効果エレクトロニクス　荒川 泰彦著
- D-21 先端光エレクトロニクス　大津 元一著
- D-22 先端マイクロエレクトロニクス　小柳・田中共著
- D-25 ゲノム情報処理　高木・小池共著
- D-26 生体・福祉工学　伊福部 達著
- 医用工学　菊地 眞編著

定価は本体価格+税5%です。
定価は変更されることがありますのでご了承下さい。

図書目録進呈◆